人因绩效和态势感知测量技术手册

Human Performance and Situational Awareness Measures Handbook

[美]瓦莱丽·简·加沃伦　著
（Valerie Jane Gawron）

杨柳　张焱　主译

U0363724

清华大学出版社
北　京

北京市版权局著作权合同登记号　图字：01–2023–2113

Human Performance and Situational Awareness Measures Handbook 3st Edition / by
VALERIE JANE GAWRON / ISNB:
9780367002312
Copyright@ 2019 by Taylor & Francis Groups, LLC

Authorized translation from English language edition published CRC Press, a member of the Taylor & Francis Group.; All rights reserved. 本书原版由Taylor & Francis出版集团旗下，CRC出版公司出版，并经其授权翻译出版. 版权所有，侵权必究.

Tsinghua University Press is authorized to publish and distribute exclusively the Chinese (Simplified Characters) language edition. This edition is authorized for sale in the People's Republic of China only, excluding Hong Kong, Macao SAR and Taiwan. No part of the publication may be reproduced or distributed by any means, or stored in a database or retrieval system, without the prior written permission of the publisher. 本书中文简体翻译版授权由清华大学出版社独家出版。此版本仅限在中华人民共和国境内（不包括中国香港、澳门特别行政区和台湾地区）销售。未经出版者书面许可，不得以任何方式复制或发行本书的任何部分.

Copies of this book sold without a Taylor & Francis sticker on the cover are unauthorized and illegal.
本书封面贴有Taylor & Francis公司防伪标签，无标签者不得销售.

本书封面贴有清华大学出版社防伪标签，无标签者不得销售。
版权所有，侵权必究。举报：010-62782989，beiqinquan@tup.tsinghua.edu.cn。

图书在版编目（CIP）数据

人因绩效和态势感知测量技术手册 /(美) 瓦莱丽·简·加沃伦 (Valerie Jane Gawron) 著；

杨柳, 张焱主译. -- 北京：清华大学出版社, 2024. 11. -- ISBN 978-7-302-67602-7

Ⅰ. V321.3-62

中国国家版本馆CIP数据核字第202469SN67号

责任编辑：孙　宇
封面设计：钟　达
责任校对：李建庄
责任印制：杨　艳

出版发行：清华大学出版社
　　　　网　　　址：https://www.tup.com.cn，https://www.wqxuetang.com
　　　　地　　　址：北京清华大学学研大厦 A 座　　　　邮　　编：100084
　　　　社 总 机：010-83470000　　　　邮　　购：010-62786544
　　　　投稿与读者服务：010-62776969，c-service@tup.tsinghua.edu.cn
　　　　质量反馈：010-62772015，zhiliang@tup.tsinghua.edu.cn
印 装 者：天津安泰印刷有限公司
经　　销：全国新华书店
开　　本：185mm×260mm　　　　印　张：12.25　　　字　　数：222 千字
版　　次：2024 年 12 月第 1 版　　　　印　　次：2024 年 12 月第 1 次印刷
定　　价：99.00 元

产品编号：100519-01

译 委 会

主 译　杨 柳　张 焱

副主译　张宜爽　王雪峰

译 者　（按姓氏拼音排序）

杜 健　胡译文　谢 多　朱煜阳

译 者 序

人的因素是确保复杂系统高效、安全运行的关键，如何对其进行表征和测量，一直是人因工程专家的研究重点。由［美］瓦莱丽·简·加沃伦博士撰写的《人因绩效和态势感知测量技术手册》，为读者提供了全面而深入的指导，能够帮助我们选择和运用适当的测量方法来评估人因绩效、工作负荷与态势感知。

本书共分三部分内容，第一部分是关于实验设计的简短教程，后面两个章节分别介绍了人因绩效和态势感知的具体测量方法，不仅提供了理论基础，还展示了这些测量方法的具体应用案例。无论是在航空、航天、航海还是其他需要人类高度参与的复杂系统中，本书所提供的理论和技术方法都将有助于提升系统的整体表现和安全性。

本书的翻译团队均为长期从事心理测量和人机工效专业的研究者，在该领域具备一定的专业性，前期已翻译出版了本书姊妹篇《工作负荷测量技术手册》，为本书的翻译提供了坚实的技术基础。我们希望通过对系列著作的引进，为国内相关领域的研究者和实践者提供新的启示和帮助。

在翻译过程中，我们始终致力于追求译文的准确性与流畅性，力求为读者呈现原作的风貌与精髓。然而，鉴于译者水平有限，译文中难免存在疏漏与不足之处，恳请广大读者与专家不吝指正，共同推动学术交流的深入发展。

译 者

2024 年 11 月

原著者简介

瓦莱丽·简·加沃伦获纽约州立大学布法罗分校心理学学士学位、纽约州立大学杰纳苏分校心理学硕士学位、伊利诺伊大学工程心理学博士学位、纽约州立大学布法罗分校工业工程和工商管理硕士学位。在拉斯克鲁塞斯的新墨西哥州立大学完成了环境对绩效影响的博士后研究工作，随后就职于加州大学洛杉矶分校，在此工作了26年。之后受聘于通用动力公司，并成为一名技术研究员。目前是MITRE公司的人因工程师。加沃伦博士在小型原型系统到大规模生产系统的研究、开发、测试和评估方面发挥了技术引领作用，管理了价值数百万美元的系统开发项目，主导了作战人员和情报人员信息系统设计，向政府机构和行业提供了计算机辅助工程工具，对军用和商用飞机最先进的显示器（包括头盔显示器、夜视镜和合成视觉显示器）进行了测试，对机场和美国大使馆的安全系统进行了评估，开展了系统和人因绩效优化研究，对数字模型到人机交互模拟，再到军事、情报和商业系统的现场作战测试等全方位的评估工具提供了应用，指导事故模拟再现，就驾驶员分心、事故调查和药物对操作员绩效的影响进行了咨询，并发布了超过425份出版物，包括《人因绩效、工作负荷与态势感知测量技术手册》（第二版）及2001年《红心：简·盖隆的故事》。这两本著作在国际上均用于研究生课程教学，前者内容主要涉及人为因素，后者内容主要涉及患者安全。

加沃伦博士曾任职于空军科学咨询委员会、陆军科学委员会、海军研究咨询委员会和国家研究委员会。为各类观众举办了主题广泛的研讨会，比如在萨利骑行科学节上为8～14岁女孩进行了降落伞测试，为管理人员和工程师开展模拟技术的应用培训。

加沃伦博士的工作和服务对象包括美国空军、陆军、海军、海军陆战队、美国国家航空航天局、国务院和司法部、联邦航空管理局、运输安全管理局、国家运输安全委员会、国家交通安全管理局及商业客户。其中一些工作属于国际性的，加沃伦博士到过195个国家和地区，是美国航空航天学会副研究员、人为因素和人类工效学学会研究员及国际人类工效学协会研究员。

目　　录

第 1 章 引 言

  人因工程专家，包括工效学家、工业工程师、工程心理学家和人因工程师等，人因工程专家一直不断寻求更佳（更高效）的方法，对作为系统组成部分的人的因素进行表征和测量，以便制造出具有卓越人机界面的火车、飞机、汽车，以及过程控制站和其他系统。然而，如何获取人因绩效、工作负荷与态势感知（SA）的测量信息一直是一个难题。本书填补了这一空白，为读者客观评估人因绩效、工作负荷与态势感知的技术选择与关键过程把控提供指导。

  评估人因绩效有两种类型。第一种类型是主观测量，其特点是通过访谈和问卷调查或观察他人的行为来提供意见。这类技术有一些优秀的参考文献（例如 Meister，1986）。评估人因绩效的第二种类型是实验方法。同样，也有一些优秀的参考文献（例如 Keppel，1991；Kirk，1995）。这种实验方法是本书的重点。

  第 1 章是关于实验设计的简短教程。本教程以飞机座舱显示器的选择为例，对于熟悉实验一般原理的读者来说，这可能只是一个有趣的学术理论应用；对于那些可能不太熟悉的读者来说，这个例子可以很好地说明为什么在准备实验时选择正确的方法是如此重要。

  第 2 章介绍了人因绩效的测量方法，第 3 章介绍了态势感知的测量方法。对每一种测量方法的优势、局限性、数据要求、阈值和信息来源进行了描述。同时，本书提供了缩略语和主题索引，以便于使用。

1.1 示 例

  实验是对完成同样一件事的两种或两种以上方式进行比较。所做的"事情"被称为自变量。做事的"方式"被称为实验条件。用于比较的测量方法是因变量。设计一个实验需要：定义自变量，制订实验条件，选择因变量。以下步骤描述满足了这些要求。

1.1.1　步骤1：定义问题

明确定义实验结果所要回答的问题。让我们看一个例子：假设我们正在设计一个可移动地图的显示器，首席工程师想知道地图应该设计为跟踪、北向基准还是其他样式，他来找你寻求答案。你有观点，但没有确凿的证据支撑，于是你决定做一个实验。从与首席工程师一起定义问题开始，首先，导航信息的显示方式是什么，即要比较的实验条件是什么？首席工程师回答说："追踪、北向基准或其他样式。"如果他不能定义"其他样式"，你就无法检验它。所以现在你有两个实验条件：追踪、北向基准。这些条件构成了你的第一个自变量——地图移动的两个方向。

1.1.2　步骤2：检查限定因素

限定因素是限定或限制结果普遍性的自变量。在上述的例子中，一个重要的限定因素是可移动地图显示器的用户类型：用户是飞行员（用于追踪）还是领航员（接受过北向基准显示识别训练的人）？如果你用飞行员做实验，你最多能从结果中得出的结论是，有一种显示器最适合飞行员，这就是你的限定条件。如果你的首席工程师正在为飞行员和领航员设计可移动图显示器，你只给了他一半的答案，或者更糟糕的是，如果你没有考虑用户类型的限定词，你可能给了他一个错误的答案。因此，检查限定因素，并使用那些将对决策产生影响的限定因素作为自变量十分重要。

在这个例子中，用户类型会对决策产生影响，所以它应该是实验的第二个自变量。但是，显示器的大小不会影响决策，因为仪表板上只有8英寸的显示器空间。因此显示器的尺寸不应该作为自变量。

1.1.3　步骤3：指定条件

指定比较的确切条件。在上述例子中，首席工程师在意的是追踪还是北向基准。在这两种情况下，地图的移动会有所不同，但关于显示器的其他一切数据（例如，比例尺、显示分辨率、色彩标准、显示器大小等）都应该完全相同。这样的话，如果实验被试者使用两种类型显示器的绩效不同，这种差异只能归因于显示器类型，而不是显示器之间的其他差异。

1.1.4　步骤4：匹配被试者

将实验被试者与实际用户相匹配。如果你想把实验结果类推为现实世界中会发生的情况，则要尽量把被试者与现实世界中的系统用户相匹配。这一点非常重要，因为被试者过去的经验可能会极大程度地影响他们在实验中的表现。在上述例子中，我们添加的第二个自变量正是基于被试者的以往经验（即飞行员用显示器来追踪，领航员接受北向基准显示识别训练）。如果显示器的最终用户是飞行员，应该用飞行员作为我们的被试者；如果最终用户是领航员，则应该用领航员作为我们的被试者。被试者的其他变量也可能很重要，在上述例子中，年龄和训练经历都很重要。因此，应该明确地图显示器的真实用户必须接受哪些训练，并在开始实验数据收集之前向实验被试者提供相同的训练。

另外年龄也很重要，那是因为四十多岁的飞行员可能无法集中注意力在地图显示器等近距离物体上；之前的训练也很重要——F-16 飞行员已经使用过可移动地图显示器，而 C-130 飞行员还没有。如果这类显示器的最终用户是有 F-16 飞行经验、20 多岁的飞行员，而你的被试者是只有 C-130 飞行经验、40 多岁的飞行员，那么对于"哪种显示器更好"的问题，你可能会给出错误答案。

1.1.5　步骤 5：选择绩效测量方法

绩效测量方法会在很大程度上影响实验结果。绩效测量方法应具备相关性、可靠性、有效性、定量和全面性。接下来将从这些方面为我们的示例问题选择绩效测量方法。

标准 1：相关性　与所问问题的相关性是选择绩效测量方法时的首要标准。在我们的例子中，首席工程师的问题是"什么类型的显示模式更好"，其中"更好"可以指更好地保持航线（准确度层面），但也可能是指更好地按时到达航点（时间层面）。被试者对"更喜欢哪种显示模式"的评分并不能从绩效角度准确回答哪种显示更好的问题，因为其偏好评分可能受到绩效之外的其他因素影响。

标准 2：可靠性　可靠性指的是测量的可重复性。对于记录设备，可靠性依赖于对设备的仔细校准，以确保测量是可重复和准确的［如实际航向偏差为 50.31 英尺（15.33 米），测量记录应始终为 15.33 米］；对于评级量表，可靠性取决于其措辞的清晰度，措辞含糊的评分表无法给出可靠的绩效衡量标准。试想一下，如果评分量表上的问题是"你的表现还好吗？"被试者可能会在第一次模拟飞行后回答"否"，但在第二次模拟飞行后回答"是"，这只是因为他更适应这项任务了。如果你现在让他回溯他的第一次飞行，他可能会回答"是"，在这种情况下，同样的问题在同样的条件下你会得到不同的答案。对于不那么模糊的问题，比如"你在这次试验中偏离航线超过 100 英尺（30.48 米）了吗？"被试者或许会给出更可靠的回答。即便如此，对于更精确的问题，你仍然可能得到第一个"否"和第二个"是"的答案，这表明一定程度的学习提高了他第二次的绩效。

被试者也需要被校准。例如，如果你要问八个飞行控制系统中哪一个是最好的，而你的指标是一个绝对评级（例如，库珀 – 哈珀评定量表），你的被试者需要在实验开始时用一架"理想"飞机和一架"缺陷"飞机进行校准，在实验过程中，他也可能随时需要重新被校准。与那些提示你重新校准测量设备的征兆相同，以下征兆提示你需要重新校准你的实验被试者：①所有的评分都落在比你的预期更窄的范围内；②所有的评分都比你预期的高或低；③在实验条件不变的情况下，评分在整个实验中普遍增加（或减少）。在这种情况下，给被试者一个他已经评定过的飞机，如果第二次评分与他之前对这一飞机给出的评分有很大差异，则需要用一架飞机对被试者进行重新校准，把他们的评分从平均水平上拉开。如果所有评分都接近最高值，则为"缺陷"飞机；如果所有评分都接近最低值，则为"理想"飞机。

标准 3：有效性 有效性也称为效度，指所测量到的结果能反映所想要考察内容的程度。有效性与可靠性密切相关，如果一项测量不可靠，就不可能是有效的，反之并不一定成立。例如，如果你要求被试者对他的工作负荷从 1 到 10 进行评分，但没有为他定义工作负荷的含义，他可能会对任务的难度进行评分，而不是对执行任务耗费的精力进行评分。

标准 4：定量 定量测量比定性测量更容易分析，同时定量测量还可以针对实验条件之间差异大小进行评估，这在对系统设计的性能与成本进行权衡分析时往往非常有用。然而，这一准则并不排除使用定性的测量方法，因为定性的测量方法往往能提高对实验结果的理解。对于定性测量，必须考虑另外一个问题，即评级表的类型。名义量表：给被评价的系统赋予一个形容词（如容易使用），"名义量表在本质上是分类的，只是识别事物在某些特征上的差异。没有顺序、大小的概念"（Morrow 等，1995）；顺序量表：在一个或一组维度上对被评估的系统进行排序（如北上基准比追踪显示更容易）。

等距量表上相等的数字距离代表所测量变量的相等数量差值，例如在两极式评定量表中的两级分别为"极易使用"和"极难使用"，介于这两个极端之间的是"比较容易""一般容易"和"比较困难"。判断标准是：量表上任何相邻两点之间的距离都是相等的。"极易使用"和"比较容易"间的感知难度差异与"一般容易"和"比较困难"间的感知难度是一样的，但零点可以随意选择（Morrow 等，1995）；最后一种量表是具有绝对零点的等比量表（Morrow 等，1995）。更多详细的量表描述可以参考 Baird 和 Noma（1978）、Torgerson（1958）和 Young（1984）的著作。

标准 5：全面性　全面性意味着能够综合衡量事物的各个方面。在一个实验中能够全面测试绩效指标，比设置另一个实验来查漏补缺要事半功倍，因此最好在一次实验中评价可能受自变量影响的各方面指标。在上述例子中，实验被试者可以牺牲准确性来换取到达航路点的及时性，也可以为了保持航向的准确牺牲及时性，因此我们应该同时记录精度和时间测量值。关于空战机动中运用以上及其他附加标准的例子，可以参见 Lane（1986）的著作。

1.1.6　步骤 6：保证足够的被试量

需要足够多的被试者才能从统计学上确定各实验条件下的因变量值是否存在差异。在我们的例子中，使用追踪显示与北向基准显示的被试者，他们的绩效是否有统计学上的差异？计算一个实验所需的被试量非常简单，首先，预测被试者在每种实验条件下的绩效。你可以根据自己过去在类似实验中得出的数据进行判断，也可以基于本次实验设置进行预测试，进而进行判断。在我们的例子中，使用追踪显示和北向基准显示的航点到达时间会有多大误差？根据以前的研究，你可能认为飞行员使用追踪显示的平均误差是 1.5 s，使用北向基准显示的平均误差是 2 s；领航员使用追踪显示会有大约 2 s 的误差，使用北向基准显示会有 1.5 s 的误差，基于以上两组被试和两种显示类型，标准差为 0.5 s，我们可以用以下方法计算效应值，即两种条件下的表现差值：

$$效应值 = \frac{|追踪显示评分 - 北向基准显示得分|}{标准差}$$

$$飞行员效应值 = \frac{|1.5-2|}{0.5} = 1$$

$$领航员效应值 = \frac{|2-1.5|}{0.5} = 1$$

在图 1.1 中我们可以得出区分这两种条件所需的实验被试者人数：如果效应值为 1，则需要 18 个被试者。因此，我们在实验中需要 18 名飞行员和 18 名领航员。请注意，虽然图 1.1 中的函数不是一成不变的，但它是基于 100 多年的实验和统计得出的。

估计效应值的单位应该与实验中使用的单位相同。还需要注意的是，由于效应值是以比率计算的，因此对于同一个实验，得到的效应值和实验被试者的数量也相同。如果你对效应值大小没有概念，可以通过预实验的方法来估计效应值。

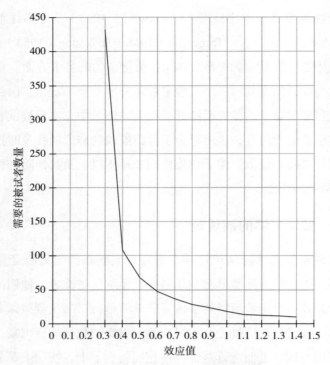

图 1.1　需要的被试数量作为效应值的函数

1.1.7　步骤 7：选择数据收集设备

现在我们已经了解不同实验条件间差异的影响大小，请检查您所选择的数据收集设备是否能够可靠地测量绩效，其精度至少应为最小的辨别小数位的 1/10。在我们的示例中，一个条件下的预期大小为 1.5 s，最小的辨别小数位（1.5 vs 2.0）是 1/10 s，因此记录设备应该精确到 1/100 s。

1.1.8　步骤 8：匹配实验

将实验室测量与最终使用相匹配。如步骤 4 所示，如果您想将实验结果类推为现实世界中会发生的情况，则必须将实验与现实世界相匹配。

注意，一次实验的定义是在相同的实验条件下连续收集数据。如在相同的飞行控制配置下，三次连续的仪表进近构成一次实验，以下是需要匹配的重要特征。

特征 1：实验时长。在整个实验过程中，由于练习效应绩效会逐渐提高，然后随着疲劳而下降。如果你在实验中测量 10 min 的绩效，但在现实世界中，飞行员和导航员执行任务需要 2 h，那你的结果可能没有排除练习效应，也没有包含疲劳的高峰期，这样我们可能会给出一个错误的结果，所以要尽量让每次实验的时长与现实世界中任务的时间相匹配。

特征 2：难易程度。如果实验任务设置得太简单，所有的被试者都会得到相同的绩效分数，将无法区分不同的实验条件。为了避免这个问题的发生，要使任务具有现实的难度。一般来说，实验中的任务越难，就越有可能发现实验条件之间的统计差异。这是因为难度的增强可以提升实验条件之间的可区分度。但应注意避免以下两种例外情况：首先，如果实验任务太难，所有被试者的表现将完全相同：100% 错误，这样就无法区分哪种实验条件更好，实验也就毫无用处；其次，如果实验任务难度超过了现实世界中可以预期的难度，实验结果可能产生偏差。在示例中可以发现，在山区地形中，在距离地面高度 100 英尺以下飞行，速度超过 500 节且阵风超过 60 节时追踪显示比北向基准显示更好。但在丘陵地带，距离地面 1000 英尺高空，速度为 200 节且阵风为 10 节至 20 节的情况下，在将近 70% 的飞行时间里，他们是如何飞行的？你无法从实验结果中回答这个问题——或者说，给出的答案可能是不正确的。因此，实验情况应为典型的情况。

特征 3：环境条件。就像在步骤 4 中尝试将被试者与最终用户匹配一样，我们应该尝试将实验室的环境条件（即使该实验室是一架运行中的飞机或飞行模拟器）与现实世界的环境条件匹配，这一点非常重要，因为环境条件对绩效的影响可能比实验中的自变量更大。应该匹配的重要环境条件包括照明、温度、噪声和任务负荷。照明条件应在亮度水平（可能形成锐度差异）、光源位置（可能形成眩光）和光源类型（白炽灯属于点光源，可能产生眩光；荧光灯能产生均匀、适中的光照水平；阳光会掩盖一些颜色，还可能形成大的眩光斑）等方面进行匹配；80 ℉（26.67℃）以上的温度会过分消耗被试者的体力，而低于 30 ℉（零下 1.11℃）的温度会使精细运动（如设置无线电频率）变得困难；噪声会影响注意力集中程度，如有意义的噪声（如谈话）极容易分散注意力，所以噪声环境也会提高或降低实验被试者的绩效水平；任务负荷指与实验任务同时进行的任务数量和类型，一般来说，同时进行的任务数量越多、相似度越高，实验任务的绩效就越差。经典的例子是同时监测三个无线电频道，如果通信质量没有变化（以提升任务的区分度），这项任务就非常困难。

1.1.9　步骤 9：选择数据记录设备

一般来说，数据记录设备应能记录 1.5 倍实验时长的数据。这样就可以在不改变数据磁带、磁盘或其他存储介质的情况下提前启动。该设备应能为每个连续因变量（如高度、空速）提供单独的通道，并能根据需要为记录离散变量（如对模拟火灾的反应时（reaction time，RT）提供尽可能多的通道，而不会在同一通道上同时记录离散变量（从而丢失有价值的数据）。

1.1.10　步骤 10：决定实验被试的参与程度

决定每个被试者是否应该参与所有级别的实验。让一个被试者参与多个实验条件有很多好处：①减少招募成本；②减少总训练时间；③更好地分配不同实验条件下的被试者。但在某些条件下，同一名被试者不能在多个实验条件下进行实验：首先是之前的训练，在我们的例子中，飞行员和领航员接受过完全不同的训练，这些差异化的训练可能会影响他们的绩效，因此，他们不能同时扮演飞行员和领航员这两个角色；其次，在某些实验条件下，受训被试者的表现可能比未受训的被试者在另一种实验条件下的绩效还要差，这种效应被称为负迁移，当两个实验条件要求被试者对相同的刺激给出不同反应时，负迁移效应尤为强烈。例如，在实验条件 1 中，对火警的反应是先拉动 T 形手柄，然后顺时针转动发动机；在实验条件 2 中，反应是先顺时针转动发动机，然后拉动 T 形手柄。与已经参加过实验条件 1 或条件 2 的被试者相比，没有参加任何实验的被试者反应时更快，错误也更少。比较新被试者和已经参与另一实验条件的被试者的绩效，只要发现有负迁移存在，就需要安排单独的被试者。

考量是否使用相同被试者的另一个重要条件是学习。参与多个实验条件的被试者会在实验过程中不断学习如何完成任务，如果我们把被试者的得分（分数越高绩效越好）标在纵坐标上，把被试者完成任务的次数标在横坐标上，我们会得到一个 J 曲线，在这个曲线上，最初的几个实验中绩效有很大提升，而在最后的实验中几乎没有提升。进步很小的点被称为渐近学习，除非实验被试者在第一次实验之前被训练成渐近线，否则无论实验条件存在怎样的差异，他们的绩效都会在整个实验中得到改善。因此，我们在后来的实验条件下看到的"改善"可能与实验条件无关，而是与被试者在整个实验中执行任务的时间长短有关。

类似的情况也会发生在简单、重复的脑力工作和所有需要体力的工作中，这种效应被称为预热。如果无论在什么实验条件下，被试者的绩效都有所提升，那么就可能是产生了预热效应。这种影响可以通过让被试者进行初步实验来消除，直到他们在任务中的绩效与他们的渐近学习相匹配。

最后一个条件是疲劳。如果同一个被试者进行了不止一次的实验，疲劳效应可能开始掩盖实验条件的差异。你可以通过四种方式检查疲劳效应：①自己进行一些实验

（你感觉如何？）；②观察你的被试者（他们是否有疲劳的迹象？）；③比较不同被试者在相同实验数量但不同条件下的绩效（是否每个人在三次实验后都表现不佳？）；④询问被试者的感觉。

1.1.11　步骤 11：实验排序

在步骤 10 中，我们描述了顺序效应或延续效应。即使这些情况没有产生很大影响，或者根本没有发生，但对数据收集实验进行排序仍然很重要，这样可以尽量减少顺序效应或延续效应。另一个重要的延续效应是实验者的经验——在第一次实验中，实验程序可能还没有弄清，到了第 10 次实验，一切都应该有序地运行，我们甚至可以在被试者提出问题之前就预见问题。尽量减少顺序效应或延续效应的最好方法是使用拉丁方设计，这种设计确保了每个实验条件在其他实验条件之前和之后的次数相等。

一旦拉丁方生成，须检查顺序是否存在安全限制（例如，在最大湍流或严重横风中降落三级飞机），根据安全需要调整应该收集数据的顺序。

例如，被试者 1 先北向基准，然后追踪，被试者 2 则相反，完成飞行员的数据收集后，就可以收集导航员的数据了。飞行员和导航员的数据收集顺序并不重要，因为飞行员的数据不会与导航员的数据进行比较，也就是说，我们不会寻找两个独立变量之间的交互作用，但如果实验中的第二个自变量是尺寸（例如，首席工程师让你在 8 英寸或 12 英寸的显示器中做选择），那么交互作用就会很有趣：例如，12 英寸的追踪显示器是否比 8 英寸北向基准显示器更好？如果我们对这种交互作用感兴趣，那么这个拉丁方有就四种条件：条件 1，8 英寸，北向基准；条件 2，8 英寸，追踪；条件 3，12 英寸，北向基准；条件 4，12 英寸，追踪。

1.1.12　步骤 12：检查范围效应

当你的结果因你使用的实验条件范围而不同时，就会出现范围效应。例如，实验 1 比较了追踪和北向基准显示，我们发现对飞行员来说，追踪更好；实验 2 比较了追踪、北向基准显示和水平位置指示器（HSI）显示，这一次我们发现追踪和北向基准显示之间没有区别，但都比传统的 HSI 好。这就是范围效应的例子：当你在一个条件范围内进行比较时，你会得到一个答案；当你在第二个条件范围内进行比较时，则会得到另一个答案。环境条件改变（如噪声水平和温度）时，范围效应会尤其显著。范围效应无法消除，这就意味着实验条件的选择极其重要。

要选择一系列条件，首先回到最初的问题：如果首席工程师希望从两种显示器中选一个，那么实验 1 就是正确的实验；如果他问的是追踪、北向基准显示是否比水平位置指示器更好，那么实验 2 是正确的。其次，必须考虑被试者同时执行多少个实验条件，如果超过 7 个，被试者将很难记住每个实验条件是什么，但他们的绩效仍然会有效果。为了检验"试次"效应，可以将每个实验的平均绩效与被试者完成实验的次数进行对比。如果发现被试者绩效普遍下降，则应减少被试者参与的实验条件数量，或让被试者休息得更久一些。

1.2 总 结

通过在实验设计中纳入以下步骤来提高数据的质量和有效性。

步骤 1：明确定义实验要回答的问题。

步骤 2：检查限定条件。

步骤 3：指定要比较的确切条件。

步骤 4：将被试者与最终用户进行匹配。

步骤 5：选择绩效测量方法。

步骤 6：使用足够的被试者。

步骤 7：选择数据收集设备。

步骤 8：将实验与最终用途相匹配。

步骤 9：选择数据记录设备。

步骤 10：决定每个被试者是否应该参加所有级别的实验。

步骤 11：对实验进行排序。

步骤 12：检查范围效应。

其中步骤 5 是本书其余部分的重点。

原书参考文献

［1］Baird, J. C., and Noma, E. *Fundamentals of Scaling and Psychophysics*. New York: Wiley, 1978.

［2］Keppel, G. *Design and Analysis: A Researcher's Handbook*. Englewood Cliffs, NJ: Prentice Hall, 1991.

［3］Kirk, R. R. *Experimental Design: Procedures for the Behavioral Sciences*. Pacific Grove, California: Brooks/Cole Publishing Company. 1995.

［4］Lane, N. *Issues in Performance Measurement for Military Aviation with Applications to Air Combat*

Maneuvering (*NTSC TR*-86-008). Orlando: Naval Training Systems Center, April, 1986.

[5] Meister, D. *Human Factors Testing and Evaluation.* New York: Elsevier, 1986.

[6] Morrow, J. R., Jackson, A. W., Disch, J. G, and Mood, D. P. *Measurement and Evaluation in Human Performance.* Champaign, IL: Human Kinematics, 1995.

[7] Torgerson, W. S. *Theory and Methods of Scaling.* New York: Wiley, 1958.

[8] Young, F. W. Scaling. *Annual Review of Psychology* 35: 55-81, 1984.

第 2 章　人因绩效

人因绩效是由操作员或操作员团队完成的任务。任务可以从简单（卡片分类）到复杂（飞机降落）。人类可以手动执行任务或监控自动化系统。在任何情况下，人因绩效都可以测量，本书可以提供帮助。

绩效测量可以分为六类。第一类是准确性，即评估正确程度的方法。这些方法假设有一个正确的答案，2.1 节介绍了这一类的人因绩效测量。第二类测量人因绩效的指标是时间。此类别中的测量假定任务有一个定义明确的开始和结束，以便可以测量任务执行的持续时间，这类方法列于 2.2 节。第三类是成套测验，成套测验是两个或多个任务串联或并行任务集合，以测量一系列的能力或效果。这些理论假设人类的能力在不同类型的任务中有所不同，或者受到自变量的不同影响，2.3 节给出了示例。

第四类人因绩效测量是特定领域的测量，用于评估执行一系列相关任务的能力。这些测量标准假设，绩效会因操作员执行不同任务、使用不同操作设备而有所不同。2.4 节介绍了这一类别中的示例。第五类是关键事件，通常用于评估最坏情况下的绩效（见 2.5 节）。

最后一类是团队绩效测量。用于评估两个或两个以上人员协同完成一项或多项任务的能力。这些测量标准假设，作为团队的一部分，人的绩效会有所不同。团队绩效测量见 2.6 节。还有一些绩效测量方法属于多个类别。团队绩效测量也是如此（2.6 节）。

为了统一性和易用性，对人因绩效测量的每一次讨论都有相同的部分：

（1）绩效测量的一般描述。

（2）绩效测量的优势和局限性或限制，包括是否有已知的专有权利或限制，以及有效性和可靠性数据。

（3）数据收集、还原和分析要求。

（4）阈值，即研究人员应注意的高于或低于绩效的临界水平。

（5）更多的信息和参考资料的来源。

2.1　准确性

第一类人因绩效测量是准确性，准确性是评估正确的程度。准确性测量的前提是存在一个正确的答案。

概述：准确性是测量行为特点的指标。准确性的测量包括正确性得分（2.1.3 节）、正确数量（2.1.7 节）、正确百分比（2.1.9 节）、正确检测百分比（2.1.10 节）和正确检测概率（2.1.12 节）。

错误也可以用来测量准确性，或者说准确性的缺失。错误测量包括绝对误差（2.1.1 节）、平均范围得分（2.1.2 节）、偏差（2.1.4 节）、误差率（2.1.5 节）、虚警率（2.1.6 节）、错误数量（2.1.8 节）、错误百分比（2.1.11 节）和均方根误差（2.1.14 节）。错误可以是遗漏（如遗漏任务）或者犯错（如虽完成任务，但完成得不正确）。此外，Reichenbach 等（2010）报告了三种错误类型：①不完全交叉检查；②对冲突信息的不充分理解；③视而不见。Helton 和 Head（2012）报告在 7.1 级地震后，遗漏错误显著增加，但错误取决于个体在应对压力方面的差异。最后，准确性和错误测量有时会结合在一起提供比率（2.1.13 节）。

优势和局限性：因为准确性可以在比率尺度上进行测量，所以在计算上具有很强的稳定性。然而，错误数量或正确数量的分布可能是偏移的，就需要将其转换为正态分布。此外，有些错误很少发生，所以很难进行研究（Meister，1986）。还需要考虑速度 - 准确性权衡问题（Drinkwater，1968）。对于每个准确性测量都需要讨论数据收集要求以及阈值。在 2.1 节末，提供了相关信息。

2.1.1　绝对误差

Mertens 和 Collins（1986）在一个二维补偿跟踪任务上使用绝对误差和均方根误差来评估年龄（30 ~ 39 岁与 60 ~ 69 岁）、睡眠（获得与剥夺）和海拔（地面与 3810 米）对任务绩效的影响。绩效不受年龄的影响，但受睡眠剥夺和海拔的显著影响。类似的结果也出现在解决问题的任务中。

Elvers 等（1993）报告说，随着被试者接受的任务中判断体积大小相比判断距离远近的任务数量占比增加时，距离判断的绝对误差增加。

2.1.2　平均范围得分

Rosenberg 和 Martin（1988）使用平均范围得分（"最大坐标值减去最小坐标值"）

来评估一个数字化指向器（即数字化图像的光标定位设备）。光学瞄准器的类型没有影响，但放大率可以提高绩效。

2.1.3 正确性得分

正确性得分是为了评估人类问题解决能力而开发的。根据被试者的行为，使用以下 5 点评分量表来给予评分：

0：被试者进行了错误或不合逻辑的搜索。

1：被试者询问与正确答案无明显联系的信息。

2：被试者用合乎逻辑的搜索模式寻找错误信息。

4：被试者朝着正确方向搜索。

5：被试者询问关键要素（Griffin 和 Rockwell，1984）。

这种测量要求明确定义搜索模式。阈值区间为 0（表现不佳）到 5（表现优秀）。

Griffin 和 Rockwell（1984）使用正确性得分来测量被试者的问题解决能力。这些作者采用逐步回归分析来预测四种情境中处置的正确性得分："①油压表管路断裂；②真空泵故障；③磁电机驱动齿轮断裂；④静压气门堵塞"。结果显示，人口统计学数据、经验、理论成绩和信息搜索习惯与正确性得分之间的关系只是中等相关程度。被试者是 42 名飞行时间为 50 ~ 15000 h 的飞行员。

2.1.4 偏差

偏差通常以时间或距离来测量。对于时间，Ash 和 Holding（1990）使用计时精度（如演奏音符间的平均间隔与节拍器间隔之间的差值）来评估键盘训练方法。训练方法对该指标有显著影响，但没有实验或顺序效应。

对于距离，Yeh 和 Silverstein（1992）要求被试者对简化的飞机降落场景进行空间判断。他们报告称，被试者对于高度判断的准确性低于对深度的判断。然而，随着海拔的升高以及双目视差的增加，高度判断（以平均百分比正确来表示）的准确性更高。

在另一项航空距离偏差研究中，McClernon 等（2012）引入了一个变量误差测量方法，用来评估 20 名没有飞行经验的学员在桌面模拟器上执行飞行任务的绩效。任务是在保持 10° 俯仰和 20° 滚转的同时，在发出的许可之间进行切换。一半被试者接受了应激训练，包括将脚放入冷压器中。计算了高度、航向、俯仰和滚转的均方根误差（root mean square error，RMSE）和方差。应激组的高度均方根误差和航向、俯仰方差都显著降低。

在一项地面距离偏差研究中，Van der Kleij 和 te Brake（2010）研究了地图特征对两人协同导航到指定点的影响。作者将被试者导航点指示的位置，与数字化地图上导航点实际位置之间的距离作为偏差值。研究发现，当两个团队成员的地图处于相同方向时，偏差比地图不在同一方向时减少。此外，地图网格也减小了导航点的偏差。然而，在不同地图条件下，使用地标地图和罗盘增强地图之间没有差异。

2.1.5 错误率

错误率的定义为回答错误和未回答问题的数量除以呈现问题的总数。Wierwille 等（1985）报道称，错误率与解决数学问题任务的难度显著相关。快速通信中的错误率高于传统视觉显示（Payne 和 Lang，1991）。在类似的研究中，Cook 等（2010）报告了 2D 视觉显示和增强 2D 或 3D 视觉显示类型，在重用于新规划无人机（UAV）路线方面的错误率之间存在显著差异。

Eatchel 等（2012）报告称，与在没有中断情况下执行记忆任务相比，使用无关图像来中断记忆任务时，记忆任务的错误率显著增加。Li 和 Oliver（2000）报告了驾驶员从电子地图上识别道路时，其错误率在道路的复杂程度、地图方位、以及这两个自变量的交互作用之间均存在显著差异。

错误率在暴露于闪光灯下和未暴露于闪光灯下的观察者之间没有差异（Zeiner 和 Brecher，1975）。对于电脑鼠标的使用，在五种反馈条件（正常、听觉、颜色、触觉和组合）之间的错误率也没有显著差异（Akamatsu 等，1995）。Akamatsu 等（1995）报道，触觉、听觉和视觉反馈指向系统的错误率之间没有显著差异。

在另一个错误率的测量中，Kopardekar 和 Mital（1994）报道了归一化错误（错误数量除以时间）在不同的工作休息时间表中有显著差异。对于查号台话务员，连续工作 120 min 没有休息时的错误最少，与之相比，工作 30 min 休息 5 min 或工作 60 min 休息 10 min 的错误更多。在另一个相关测量中，St. John 和 Risser（2009）报道了不同工作休息时间的人员在卡车视觉呈现变化中的漏检率差异显著。

2.1.6 虚警率

虚警率通常用于感官知觉研究。

听觉感知：Mullin 和 Corcoran（1977）报道称，在听觉警觉任务中，虚警率随时间的推移而减少。听觉信号的幅度或一天中的时间点（08:30 与 20:30）对虚警率没有显著影响。

视觉感知：视觉感知研究评估视觉刺激的特征，包括数量、复杂性以及观察者特征（例如，任务时间、情绪）。

Lanzetta 等（1987）报道称，虚警率随着呈现速率的增加显著降低（9.5%，6/min；8.2%，12/min；3.2%，24/min；1.5%，48/min）。在类似的研究中，Teo 和 Szalma（2010）报道了 8 个视觉显示条件下的虚警率显著高于 1、2 或 4 个视觉显示条件下的虚警率。

Loeb 等（1987）发现，在简单任务中虚警数量显著低于复杂任务。Swanson 等（2012）报道，在使用遥控飞行器执行情报、监视和侦察任务中，与高地面采样距离、短停留时间以及短侧向角度相比，低地面采样距离、长停留时间以及长侧向角度的虚警率更低。

Galinsky 等（1990）使用虚警率评估监视周期（即 5 个 10 min 的间隔），虚警率随着事件率的降低（每分钟 5 个事件与 40 个事件）而显著增加。

Colquhoun（1961）报告称，在 21 名被试者中，有 15 名在视觉检测任务中没有虚警，而其余 6 名的虚警率差异很大。随着时间的推移，虚警率呈下降趋势，虚警数量和检测到的信号数量之间存在显著的正相关。Funke 等（2016）报告，在视觉警戒任务中，与单独工作的观察者相比，两人组队比独立行动的观察者检测到的信号明显更多。

在一项研究中，Culley 等（2011）观察了 100 名执行模拟机场行李检查任务的本科生，研究发现虚警率受到愤怒、恐惧和悲伤的显著影响。愤怒组（观看 CNN 报道，然后询问被试者是什么让他们如此生气）的虚警率显著高于恐惧组（相同的 CNN 报道，但随后的问题是询问你为什么如此害怕）或悲伤组（相同的报道，但问题是关于悲伤）。

2.1.7　正确数量

与虚警率类似，正确数量也受到刺激特征和观察者特征的影响。

刺激特征：Tzelgov 等（1990）使用正确数量评估两种立体图像压缩类型。该测量指标在任务之间（目标决策任务准度高于深度决策任务）、深度差异（深度差越大越好）和呈现条件之间存在显著差异，还存在显著的交互作用。Curtis 等 (2010) 报告称，在没有反馈、不知道结果或概念反馈的情况下，从不同角度观察两架飞机是否相同的任务中，正确数量没有显著差异。

Loeb 等（1987）发现，线索、恒定或变化的目标、短暂或持久的目标对正确数量没有显著影响。相反，McDougald 和 Wogalter（2011）报告称，当警告图片的相关部分被突出显示时，正确数量增加。

观察者特征：Smith 和 Miles（1986）报告称，与在任务前没有吃午餐的被试者相比，那些在任务之前吃了午餐的被试者检测到的目标数量更少。Fleury 和 Bard（1987）报告称，与测试前不活动相比，有氧运动后视觉检测任务中的正确数量减少。Rasmaker 和 Verduyn（1996）使用故障诊断任务中正确解决问题的数量来辅助评估决策。在一项不寻常的应用中，Millar 和 Watkinson（1983）报告了在第一次切口后的手术过程中从呈现单词中正确识别单词的数量。

Van Orden 等（1996）使用平均正确数量评估寒冷应激对指挥和控制任务的影响，发现没有显著差异。

在一项结合刺激和观察者的研究中，Craig 等（1987）发现，随着事件率的增加、信号频率的降低、任务时间的增加和刺激的降级，正确检测的数量显著减少。

对于错误率较低的任务，使用已经完成的数量代替正确的数量。一个例子是串行搜索任务，被试者在一个充满数字的页面中寻找成对数字（Harris 和 Johnson，1978）。另一个例子是操作员能够操纵机器人穿过孔洞的次数，Armstrong 等（2015）报告称，随着孔洞尺寸的增加，通过比例增加，随着练习次数的增加，通过比例也在增加。

2.1.8　错误数量

错误数量对刺激、被试者特征、任务和环境敏感。

2.1.8.1　刺激特征对错误数量的影响

在早期的研究中，Baker 等（1960）报告，在视觉目标检测任务中，随着无关项目数量的增加，以及目标分辨率与参照物分辨率之间的差异增加，错误数量增加。类似地，Moseley 和 Griffin（1987）报道了对于具有高度空间复杂性的字符，阅读错误的数量更多。

Downing 和 Saunders（1987）报告称，在模拟控制室紧急情况中，使用镜像控制面板布局比非镜像控制面板布局产生的错误数量显著增加。在航空维修实验中，Warren 等（2013）报告称，如果信息以书面形式提供，而不是面对面形式，航空维修技师无法调查前一轮班次的潜在错误。Frankish 和 Noyes（1990）使用数据输入错误数量评估四种类型的反馈：①同步视觉反馈；②同步口头反馈；③终端视觉反馈；④终端口头反馈。发现不同反馈类型间没有显著差异。

与感官形式相关的错误数量也存在显著差异。Ruffell-Smith（1979）要求被试者在没有纸张、计算器或计算机的情况下解决视觉或听觉呈现的数学方程，然后使用错误数量来比较 20 组三人机组在繁重与轻松两段飞行任务上的绩效，发现在繁重的工作负荷条件下，计算错误更多。

Borghouts 等（2015）使用错误数量比较不同的输液泵显示；而 Thomas 等（2015）使用了错误数量比较不同笔记本电脑键盘上的箭头配置。

2.1.8.2　被试特征对错误数量的影响

Chapanis（1990）使用错误数量评估被试者的数字短时记忆，他报告了很大的个体差异（8000 个数字中有 71 个到 2231 个错误），他还报告了一个显著的序列位置效应（70% 的被试者在第七个位置出现最多的错误），女性出现的错误比男性多。在一项年龄实验中，Lee 等（2010）报告称，年龄较大的被试者（＞ 55 岁）在地图搜索任务中犯的错误比年轻被试者（＜ 55 岁）更多。在另一项年龄研究中，Mertens 和 Collins（1986）报告称，任务绩效与年龄（30 ～ 39 岁对比 60 ～ 69 岁）无关。然而，随着睡眠剥夺和海拔（0 米对比 3810 米）的增加，绩效表现下降。

Casali 等（1990）使用未纠正的错误数量来评估语音识别系统，识别准确率和可用词汇效应显著，但年龄效应不显著。

Vermeulen（1987）使用错误数量来评估系统状态识别任务与过程控制任务的呈现模式。在第一个任务中的错误没有模式效应，但是经验不足的人员比有经验的人员出现的错误多。对于第二个任务，功能呈现模式比地形呈现模式的错误少，同样，经验不足的人员比有经验的人员出现的错误多。

Billings 等（1991）报告称，在酒精摄入后（血液酒精含量为 0.025、0.05 和 0.075），飞行员在模拟飞行中出现的错误数量显著增加。

2.1.8.3　任务特点对错误数量的影响

Casner（2009）报告称，飞行员在飞行途中的错误明显少于在准备、进近或复飞过程中的错误。在对其高频全向信标系统（very high frequency omnidirectional range，VOR）和全球定位系统（global positioning system，GPS）的比较中发现，VOR 在准备和进近过程中的错误数量显著增加，但复飞过程中的错误减少。

2.1.8.4　环境特点对错误数量的影响

Kuller 和 Laike（1998）报告称，与高频荧光灯镇流器相比，在传统荧光灯镇流器下阅读时，临界闪光融合频率阈值高的个人，其校对错误数量增加。Dodd 等（2014）报道称，在模拟飞行中增加湍流后，数据输入错误数量显著增加。

Enander（1987）报告称，在中度（+5℃）寒冷条件下，错误数量增加。然而，

Van Orden 等（1996）使用错误反应的平均数量评估寒冷应激对指挥与控制任务的影响，并没有发现显著差异，其他压力因素的结果也不一致。McCann（1969）发现噪声对错误数量没有影响，但当间歇噪声引入视听检查任务时，发现遗漏数量显著增加。

2.1.9　正确百分比

正确百分比被用于评估环境压力、视觉显示特征、触觉显示特征、辅助决策、警惕性、任务和训练的影响。

2.1.9.1　环境压力对正确百分比的影响

Harris 和 Johnson（1978）要求被试者在暴露于 65 分贝、110 分贝或 125 分贝环境中 15 min 或 30 min，同时计算来自三个光源的视觉闪光频率，结果发现声音对正确百分比没有影响。

Harris 和 Shoenberger（1980）使用计数任务的正确百分比来评估噪声（65 dBA 或 100 dBA）和振动（0 Hz 或 0.36 Hz）的影响。这两种环境压力因素的主效应和交互作用都有显著影响，在交互作用中，振动时 65 dBA 噪声环境下的绩效比 100 dBA 环境下差。但当振动不存在时，100 dBA 噪声环境下绩效更差。

Lee 和 Fisk（1993）报告了当准确率作为一致性函数时，在视觉搜索任务中的变化极小（1 ~ 290）。

2.1.9.2　视觉显示特征对百分比正确的影响

Imbeau 等（1989）使用正确答案的百分比来评估汽车仪表盘照明，报告称，准确性随着字符大小的减小而降低。

Coury 等（1989）报道，在经过长时间练习（八个试验组块）之后，条形图显示的正确百分比明显高于数字或结构化显示。

Matthews 等（1989）报道，红色在绿色背景上显示（79.1%）和红色在蓝色背景上显示（75.5%）的正确反应百分比明显低于单色（绿色、红色或蓝色在黑色背景上）、无色（白色在黑色背景上）或蓝色在绿色背景上显示（85.5%）。此外，第一个（79.8%）和最后一个（81.8%）半小时的绩效明显比中间三个小时（83.9%）差。在另一研究中，Teo 和 Szalma（2011）报道，值班时间没有显著影响，然而感官条件（信号大小相同或不同）与认知（信号值相同或不同）条件之间存在显著影响，前者的正确检测比例明显高于后者。

Brand 和 Judd（1993）报告，随着键盘输入的硬拷贝角度增加，键盘输入的正确率显著降低（90 度为 89.8%，30 度为 91.0%，12 度为 92.4%）。经验丰富的用户正确反应百分比（94%）明显高于新手用户（88%）。

Tullis（1980）使用正确百分比来评估四种显示格式（叙述文本、结构化文本、黑白图形和彩色图形），四种显示格式的正确百分比没有显著差异。然而，平均响应时存在显著差异。Chen 和 Tsoi（1988）使用正确反应百分比来评估计算机显示的易读性，在慢速（每分钟 100 词）条件下的绩效优于快速（每分钟 200 词）条件；与 5 个或 9 个字符间隔相比，跳跃 1 个字符间隔时绩效更好；但 20 字符和 40 字符窗口之间没有显著差异。然而，Chen 等（1988）报告了跳跃长度没有显著影响，但窗口大小有显著影响。具体来说，20 字符窗口的理解分数高于 40 字符窗口，显著的交互作用表明，这种优势只出现在单个跳跃条件下。

Rhodes 等（2009）报道，在基于方位识别的任务中，追踪的地图比北向基准的地图正确百分比更高。Finomore 等（2010）使用正确百分比和口头反应准确性来评估信号难度（简单与困难）和通信格式（无线电、3D 音频、聊天和多模式通信工具），这两个自变量对这两个因变量都有显著影响。

Swanson 等（2012）使用类似的测量方法，即正确检出率，来评估远程操纵飞行器拍摄的影像解译，低地面距离、长驻留时间和长事件间隔的正确检测率高于高地面距离、短驻留时间和短事件间隔。方位角没有显著影响。

Kirschenbaum 等（2014）报告称，与以表格形式呈现相比，当声呐返回的不确定性以空间形式呈现时，非专业潜艇军官的正确率更高。

2.1.9.3 触觉显示特征对正确百分比的影响

Wang 等（2014）使用正确百分比来比较振动源放置位置（手指/手、前臂、背部、腰部、大腿）。他们报告称，放置位置的不同对于准确性没有差异。Brill 等（2015）报道，在定位直升机方面，触觉和音频触觉提示的准确性高于 3D 音频提示。

2.1.9.4 决策辅助对正确百分比的影响

Adelman 等（1993）使用正确反应的平均百分比来评估操作员在不同类型专家系统下的绩效，任务是模拟飞行中的通信。专家系统分为三种类型：①具有规则生成能力；②没有规则生成能力；③完全自动化。操作员可以筛选、覆盖或提供手动反应。具有规则生成功能的绩效明显优于没有规则生成功能的绩效。

2.1.9.5 警惕性对正确百分比的影响

Lanzetta 等（1987）报道，在同时进行的警觉任务中，正确检测的百分比（78%）明显高于连续警觉任务（69%）。此外，正确百分比通常随着呈现速率的增加而降低（79%，每分钟 6 次；82%，每分钟 12 次；73%，每分钟 23 次；61%，每分钟 48

次），且这种差异是显著的。随着观察时间的增加，正确百分比也显著降低（87%，10 min；75%，20 min；68%，30 min；65%，40 min）。

Galinsky 等（1990）使用正确检测的百分比来评估观察期（5 个 10 min 的间隔），随着事件率从每分钟 5 个事件增加到 40 个事件，连续听觉和连续视觉条件下的正确检测百分比会降低，而第 3 种（感觉交替）条件下则不会降低。在一项特殊案例中，Doll 和 Hanna（1989）强迫被试者在检测任务过程中保持恒定的正确反应百分比。

2.1.9.6 任务对正确百分比的影响

Kennedy 等（1990）使用 4 个不同任务（模式比较、语法推理、人像和短时记忆）的正确百分比来评估阿托品和安非他明的效果。他们发现药物除了对语法推理任务的影响接近统计学意义外（$p < 0.0683$），对其他任务都有显著影响。

Kimchi 等（1993）报道，在注意力分散的条件下，局部定位任务的正确反应百分比显著高于全局定位任务。在全局定位任务上，注意力效应对正确百分比没有显著影响。

Arnaut 和 Greenstein（1990）报道，在控制水平输入函数不同的情况下，控制反应中出现的错误百分比没有显著差异。然而，Kidwell 等（2012）报道，在可调整自动化模式（操作员直接管理的自动化水平）与自适应自动化模式（基于操作员绩效自动化管理的自动化水平）下完成图像分析任务的平均时间存在接近显著的差异。

2.1.9.7 训练对正确百分比的影响

Fisk 和 Hodge（1992）报道，在一个视觉搜索任务中，5 个实验组中只有一组在 30 天后的正确百分比显著降低（训练中使用相同的类别和示例），对于新的、高度相关的、适度相关的或无关的示例，组间没有差异。

Briggs 和 Goldberg（1995）使用正确识别装甲坦克的百分比来评估训练。在呈现时间（较长时间与较高准确性相关）、视图（侧面视图比正面视图更准确）、模型（M1 具有最高准确性，英国挑战者准确性最差）和被试者之间存在显著差异。在视图组件或敌我对抗上没有显著影响。

Taylor 和 Szalma（2009）报道，在目标识别任务中连续的时段对正确百分比有显著影响，随着时间的推移，任务绩效有所提高。

2.1.10 正确检测百分比

Pepler（1958）报道，随着温度从 67 ℉ 上升到 92 ℉，丢失信号的数量增加。在早期研究中，O'Hanlon 等（1965）报道，超过 90 min 实验没有使听觉音调检测能力下降。在一个视觉时间任务实验中，Schmidt 等（2012）报道，在警觉任务中，随着时间的推移，正确检测的比例显著增加。此外，Meuter 和 Lacherez（2016）收集了170 名澳大利亚国际机场的安全检查员对虚构威胁项目的正确检测百分比，当威胁事件率高时，轮班开始时的准确性最高，而轮班结束时的准确性较低；但在事件率低时，没有这种情况。

许多研究都探讨了视觉目标特征的影响。Chan 和 Courtney（1998）报道，与未放大的目标相比，放大目标时，周边视觉目标出现的百分比显著提高，这种差异在高离心率（3.5 和 5.0）上尤为明显，而在低离心率（1.0，1.6）上则不明显。Donderi（1994）使用检测到目标的百分比来评估不同类型的海上搜寻救生筏。白天正确检测的百分比与低对比度视力呈正相关，与视觉测验分数呈负相关。Chong 和 Triggs（1989）使用正确反应百分比来评估挡风玻璃立柱类型对目标检测的影响，实心或无立柱的正确检测百分比明显小于开放性立柱。

Christensen 等（1977）使用视觉反应时（RT）任务来评估低氧环境的影响。在他们的研究中，10 名被试者在接触过滤空气、一氧化碳、低氧和一氧化碳与低氧组合时执行任务，被试者在吸入过滤空气时的正确检测次数明显多于吸入一氧化碳和低氧组合时，最低的正确检测百分比出现在低氧条件下。此外，在两小时的执行期中，前 15 min 间隔内的正确检测百分比显著下降。

还有一些研究检查了自动化和决策辅助的影响。Manzey 等（2009）报道，在使用自动化决策辅助时，正确检测百分比显著高于不使用时。Reinerman-Jones 等（2011）使用正确百分比评估无人地面车辆的自适应自动化。他们发现，在每分钟 8 个事件的条件下，场景变化的正确检测百分比显著低于每分钟 4 个事件的条件。在自动化程度较低的情况下，也出现了类似的结果。在评估更先进的自动化（多个机器人的监督控制）实验中，Chen 和 Barnes（2012）报道，空间能力强的人比空间能力弱的人能检测到更多的目标。

在一个不常见的技术评估中，Walker 等（2013）报道，在使用 spearcons（基于语音提示的导航菜单）时，正确百分比高于使用传统方法的导航菜单。

有些研究使用了检测率。Chan 等（2014）报道，显示行数（2 行、4 行或 8 行）和行间距（单倍、1.5 倍、双倍间距）对中文脚本中错误检测率有显著差异，4 行段落的检测率最高，8 行段落的检测率最低；对于间距，1.5 倍和双倍间距的检测率显著高于单倍间距。在另一项检测率研究中，Teo 等（2014）报道，在训练过程中知道结果比不知道结果时的检测率要显著升高。

2.1.11 错误百分比

错误百分比已广泛应用于视觉感知实验。例如，Hancock 和 Caird（1993）报道，随着目标收缩率的降低，错误百分比显著增加。路径中有 4 个步骤的错误百分比最大，而 2 个、8 个或 16 个步骤的错误百分比较小。Salame 和 Baddeley（1987）报道，随着视觉呈现的数字序列位数增加到 7，错误百分比增加，然后再增加到 9 时下降。Maddox 和 Turpin（1986）评估了使用标记感应表格造成的错误百分比，错误类别包括：①同一行或列的多个输入；②替换错误的数字；③调换两个或更多数字；④省略一个或多个数字。这些测量都不受数字方向（水平或垂直）、数字排序（自下而上或自上而下）或使用者习惯手（Maddox 和 Turpin，1986）的影响。错误百分比的范围为 2.2%～6.3%，平均每位被试者为 4%（Maddox 和 Turpin，1986）。总错误百分比按错误类别分为：① 69.3%；② 13%；③ 12%；④ 1.4%（Maddox 和 Turpin，1986）。

2.1.12 正确检测概率

正确检测概率以及相关的命中率测量方法已经被广泛用于众多的知觉研究中。在一项听觉研究中，自然语音正确检测目标词的概率明显高于合成语音（Ralston 等，1991）。使用相同的测量方法，Zaitzeff（1969）报道了两人组成的机组相对于单人机组具有更高的累计目标获取概率。在一项视觉研究中，基于视觉信号检测的比例，单个显示器上每分钟 8 个事件条件下的绩效最好，而 8 个显示器上每分钟 20 个事件条件下的绩效最差（Teo 和 Szalma，2010）。

在一项训练研究中，Teo 等（2013）比较了两个培训小组——一个小组获得结果信息，另一个小组则没有。获得结果信息的小组正确检测的比例明显更高。

Culley 等（2011）使用命中率评估了情绪引导对视觉威胁检测的影响。他们的被试者是 100 名进行模拟机场行李筛查任务的本科生。他们报告了试验组块和情感状态之间存在显著交互作用，但没有显著的主效应。第二个试验组块（共两个）中，愤怒组的命中率最高，恐惧组次之。同样使用命中率，Vuckovic 等（2013）报告了 4 个空中交通管制任务之间的命中率存在显著差异，在静态目标对潜在冲突的判断中，单个雷达明显优于带有多冲突显示的雷达。对于静态单目标搜索和静态多对搜索，它们之间没有显著差异。然而，在动态多对搜索任务中，带有多冲突显示的雷达比单独的雷达明显有更高的命中率。

在虚拟场景中，使用当前系统、视觉系统或视觉与触觉相结合系统检测无人机

（UAV）和无人地面车辆（UGV）的概率存在显著的主效应，其中视觉和触觉相结合的系统概率最高（Oron-Gilad 等，2015）。

在一项医学研究中，Siah 等（2015）报道了专家观看结肠镜视频检测息肉的命中率显著高于新手结肠镜检查人员。

2.1.13 正确数量与错误数量之比

Ash 和 Holding（1990）使用错误数量除以正确反应数量来评估键盘训练方法。他们报告了第一和第三试验组块之间的显著学习差异，训练方法之间的显著差异以及显著的顺序效应。

2.1.14 均方根误差

均方根误差（RMSE）已广泛用于评估不同类型跟踪任务、年龄、显示特征和环境影响之间的差异。

跟踪任务：在早期研究中，Kvalseth（1978）报告了追踪和补偿跟踪任务之间的 RMSE 没有显著差异。Pitrella 和 Kruger（1983）开发了一种跟踪绩效任务，使用 RMSE 来匹配跟踪实验的被试者。Eberts（1987）使用二维补偿跟踪任务的 RMSE 来评估提示的效果，提示显著降低了误差。Vidulich（1991）报道了连续跟踪任务的 RMSE 的重测信度为 +0.945，正确百分比的信度为 +0.218。Potter 和 Singhose（2014）使用 RMSE 比较了在手动轨迹追踪任务中的控制元素（如，积分器，带阻尼的积分器，带柔性模式的积分器），并报告了元素之间的显著差异。

年龄：Wild-Wall 等（2011）报道了在模拟驾驶任务中，老年驾驶员的 RMSE 明显高于年轻驾驶员。

显示特征：Cohen 等（2001）在使用三种不同类型的显示器进行补偿跟踪任务时，报告了 RMSE 没有显著差异：①精减俯仰梯度；②从后方观察飞机；③从侧面观察飞机。近年来，Armentrout 等（2010）报道了 RMSE 在 N1（低压发动机）估计中因显示配置而存在显著差异。

环境影响：RMSE 还用于评估环境影响。例如，Frazier 等（1982）比较了被试者暴露于重力（G）力时的滚转轴跟踪绩效的 RMSE。当被试者的重力负荷从 1 G 上升至 +5 Gz 且暴露持续 95 s 时，RMSE 增加了 19%，暴露在 +5 Gz / ±1 Gy 时 RMSE 增加了 45%，暴露在 +5 Gz / ±Gy 时 RMSE 增加了 70%。在另一项关于 G 的研究中，Albery 和 Chelette（1998）使用 RMSE 分数来对比穿配六种不同抗荷服时暴露

在 +5 ~ +9 Gz 情况下的跟踪视觉目标绩效，在 RMSE 得分上，这六种抗荷服之间没有显著差异。Pepler（1958）使用偏离目标的时间和距离来评估温度的影响，并报告了在超过 76 ℉温度下，落后、过头、领先和接近对跟踪的影响。该研究测试温度高达 91 ℉（32.78℃）。Bohnen 和 Gaillard（1994）报道了睡眠不足对跟踪绩效的显著影响。Gerard 和 Martin（1999）在杆上悬挂一个导线圈，通过测量杆和导线圈之间的接触次数作为跟踪任务的绩效，他们报道称，先前的振动接触会导致跟踪错误的增加。

局限性：尽管 RMSE 得到了广泛使用，但这种测量指标并非没有争议。例如，Hubbard（1987）认为，RMSE 不能充分测量飞行员的绩效，因为一个方向上的偏差（例如，高度下降）与另一个方向上的偏差（例如，高度上升）的后果并不相同。

跟踪误差的其他测量指标也得到了使用，如随时间推移纵向和横向误差的积分（Torle，1965）。该测量用于研究飞机模拟器中反作用、摩擦和扶手的影响，它对所有 3 个自变量都很敏感。

Beshir 等（1981）开发了一种跟踪误差评分，该分数受环境温度升高而显著降低。Beshir（1986）使用每分钟内目标驻留时间（以秒为单位），报道了在 18.3℃ 下工作 15 min 后的绩效比在 21.1℃ 下有所下降。

McLeod 和 Griffin（1993）将总 RMSE 分解为与目标移动线性相关的成分（输入相关误差）和与目标移动非线性相关的成分（剩余）。存在显著的会话效应（第 1 个会话比第 2 个会话重要）及持续时间效应（在 18 min 内逐渐增加），但以 4Hz 为中心的 1 倍频程振动不会产生任何影响。

数据要求：在实验开始之前，必须确定所有正确答案。应审查错误，以确保它们确实是错误，而不是正确答案的替代版本。

阈值：在数据还原过程中，应检查负误差或正确答案的数量是否准确。正确百分比或错误百分比大于 100% 时也应检查。

原书参考文献

［1］Adelman, L., Cohen, M.S., Bresnick, T. A., Chinnis, J.O., and Laskey, K.B. Real-time expert system interfaces, cognitive processes, and task performance: An empirical assessment. *Human Factors* 35(2): 243-261, 1993.

［2］Akamatsu, M., MacKenzie, I.S., and Hasbroucq, T. A comparison of tactile, auditory and visual feedback in a pointing task using a mouse-type device. *Ergonomics* 38(4): 816-827,1995.

［3］Albery, W.B., and Chelette, T.L. Effect of G suit on cognitive performance. *Aviation, Space, and*

Environmental Medicine 69(5): 474-479, 1998.

［4］Armentrout, J., Hansen, D., and Hall, T. Performance based selection of engine display features. Proceedings of the Human Factors and Ergonomics Society 54th Annual Meeting, 65-69, 2010.

［5］Armstrong, M.E., Jones, K.S., and Schmidlin, E.A. Teleoperating USAR robots: Does driving performance increase with aperture width or practice? Proceedings of the Human Factors and Ergonomics Society 59th Annual Meeting, 1372-1376, 2015.

［6］Arnaut, L.Y., and Greenstein, T.S. Is display/control gain a useful metric for optimizing an interface? *Human Factors* 32(6): 651-663,1990.

［7］Ash, D.W., and Holding, D.H. Backward versus forward chaining in the acquisition of a keyboard skill. *Human Factors* 32(2): 139-146, 1990.

［8］Baker, C.A., Morris, D.F., and Steedman, W.C. Target recognition on complex displays. *Human Factors* 2(2): 51-61, 1960.

［9］Beshir, M.Y. Time-on-task period for unimpaired tracking performance. *Ergonomics* 29(3): 423- 431, 1986.

［10］Beshir, M.Y., El-Sabagh, A.S., and El-Nawawi, M.A. Time on task effect on tracking performance under heat stress. *Ergonomics* 24(2): 95-102, 1981.

［11］Billings, C.E., Demosthenes, T., White, T.R., and O'Hara, D.B. Effects of alcohol on pilot performance in simulated flight. *Aviation, Space, and Environmental Medicine* 62(3): 233-235, 1991.

［12］Bohnen, H.G.M., and Gaillard, A.W.K. The effects of sleep loss in a combined tracking and time estimation task. *Ergonomics* 37(6): 1021-1030, 1994.

［13］Borghouts, J., Soboczenski,F., Cairns, P., and Brumbly, D.P. Visualizing magnitude: Graphical number representations help users detect large number errors. Proceedings of the Human Factors and Ergonomics Society 59th Annual Meeting, 591 -595, 2015.

［14］Brand, J.L., and Judd, K.W. Angle of hard copy and text-editing performance. *Human Factors* 35(1): 57-70, 1993.

［15］Briggs, R.W., and Goldberg, J.H. Battlefield recognition of armored vehicles. *Human Factors* 37(3): 596-610, 1995.

［16］Brill, J.C., Rupert, A.H., and Lawson, B.D. Error analysis for localizing egocentric multimodal cues in the presence of helicopter noise. Proceedings of the Human Factors and Ergonomics Society 59th Annual Meeting, 1297-1301, 2015.

［17］Casali, S.P., Williges, B.H., and Dryden, R.D. Effects of recognition accuracy and vocabulary size of a speech recognition system on task performance and user acceptance. *Human Factors* 32(2): 183-196, 1990.

［18］Casner, S.M. Perceived vs. measured effects of advanced cockpit systems on pilot workload and error: Are pilots' beliefs misaligned with reality? *Applied Ergonomics* 40: 448-456, 2009.

［19］Chan, A.H.S., Tsang, S.N.H., and Ng, A.W.Y. Effects of line length, line spacing, and line number on proofreading performance and scrolling of Chinese text. *Human Factors* 56(3): 521-534, 2014.

［20］Chan, H.S., and Courtney, A.J. Stimulus size scaling and foveal load as determinants of peripheral target detection. *Ergonomics* 41(10): 1433-1452, 1998.

26

［21］Chapanis, A. Short-term memory for numbers. *Human Factors* 32(2): 123-137, 1990.

［22］Chen, H., Chan, K., and Tsoi, K. Reading self- paced moving text on a computer display. *Human Factors* 30(3): 285-291, 1988.

［23］Chen, H., and Tsoi, K. Factors affecting the readability of moving text on a computer display. *Human Factors* 30(1): 25-33, 1988.

［24］Chen, J.Y.C., and Barnes, M.J. Supervisory control of multiple robots: Effects of imperfect automation and individual differences. *Human Factors* 54(2): 157-174, 2012.

［25］Chong, J., and Triggs, T.J. Visual accommodation and target detection in the vicinity of a window post. *Human Factors* 31(1): 63-75, 1989.

［26］Christensen, C.L., Gliner, J.A., Horvath, S.M., and Wagner, J.A. Effects of three kinds of hypoxias on vigilance performance. *Aviation, Space, and Environmental Medicine* 48(6): 491-496,1977.

［27］Cohen, D., Otakeno, S., Previc, F.H., and Ercoline, W.R. Effect of "inside-out" and "outside-in" attitude displays on off-axis tracking in pilots and nonpilots. *Aviation, Space, and Environmental Medicine* 72(3): 170-176, 2001.

［28］Colquhoun, W.P. The effect of unwanted' signals in performance in a vigilance task. *Ergonomics* 4(1): 41- 52, 1961.

［29］Cook, M.B., Smallman, HS., Lacson, F.C., and Manes, D.l. Situation displays for dynamic UAV replanning: Intuitions and performance for display formats. Proceedings of the Human Factors and Ergonomics Society 54th Annual Meeting, 492-496, 2010.

［30］Coury, B.G., Boulette, M.D., and Smith, R.A. Effect of uncertainty and diagnosticity on classification of multidimensional data with integral and separable displays of system status. *Human Factors* 31(5): 551-569, 1989.

［31］Craig, A., Davies, D.R., and Matthews, G. Diurnal variation, task characteristics, and vigilance performance. *Human Factors* 29(6): 675-684, 1987.

［32］Culley, K.E., Madhavan, P., Heikens, R., and Brown, J. Effects of emotional priming on visual threat detection. Proceedings of the Human Factors and Ergonomics 55th Annual Meeting, 232-236, 2011.

［33］Curtis, M.T., Maraj, C., Ritman, M., and Jentsch, F. Investigation of the impact of feedback on decision accuracy and reaction time in a perceptual training task. Proceedings of the Human Factors and Ergonomics Society 54th Annual Meeting, 1630-1634, 2010.

［34］Dodd, S., Lancaster, J., Miranda, A., Grother, S., DeMers, B., and Rogers, B. Touch screens on the flight deck: The impact of touch target size, spacing, touch technology and turbulence on pilot performance. Proceedings of the Human Factors and Ergonomics Society 58th Annual Meeting, 6-10, 2014.

［35］Doll, T.J., and Hanna, T.E. Enhanced detection with bimodal sonar displays. *Human Factors* 31(5): 539-550, 1989.

［36］Donderi, D.C. Visual acuity, color vision, and visual search performance. *Human Factors* 36(1): 129-144, 1994.

［37］Downing, J.V., and Saunders, M.S. The effects of panel arrangement and focus of attention on performance. *Human Factors* 29(5): 551-562, 1987.

［38］Drinkwater, B.L. Speed and accuracy in decision responses of men and women pilots. *Ergonomics* 11(1): 61-67,1968.

［39］Eatchel, K.A., Kramer, H., and Drews, F. The effects of interruption context on task performance. Proceedings of the Human Factors and Ergonomics Society 56th Annual Meeting, 2118-2122, 2012.

［40］Eberts, R. Internal models, tracking strategies, and dual-task performance. *Human Factors* 29(4): 407-420, 1987.

［41］Elvers, G.C., Adapathya, R.S., Klauer, K.M., Kander, D.E., and Dolan, N.J. Effects of task probability on integral and separable task performance. *Human Factors* 35(4): 629-637, 1993.

［42］Enander, A. Effects of moderate cold on performance of psychomotor and cognitive tasks. *Ergonomics* 30(10): 1431-1445, 1987.

［43］Finomore, V., Popik ,D., Castle, C., and Dallman, R. Effects of a network-centric multi'modal communication tool on a communication monitoring task. Proceedings of the Human Factors and Ergonomics Society 54th Annual Meeting, 2125-2129, 2010.

［44］Fisk, AD., and Hodge, K.A. Retention of trained performance in consistent mapping search after extended delay. *Human Factors* 34(2): 147-164, 1992.

［45］Fleury, M., and Bard, C. Effects of types of physical activity on the performance of perceptual tasks in peripheral and central vision and coincident timing. *Ergonomics* 30(6): 945-958, 1987.

［46］Frankish, C., and Noyes, J. Sources of human error in data entry tasks using speech input. *Human Factors* 32(6): 697- 716, 1990.

［47］Frazier, J.W., Repperger, D.N., Toth, D.N., and Skowronski, VD. Human tracking performance changes during combined $+G_z$ and $\pm G_y$ stress. *Aviation, Space, and Environmental Medicine* 53(5): 435-439, 1982.

［48］Funke, G.J., Warm, J.S., Baldwin, C.L., Garcia, A., Funke, M.E., Dillard, M.B., Finomore, V.S., Mathews, G., and Greenlee, E.T. The independence and interdependence of coacting observers in regard to performance efficiency, workload, and stress in a vigilance task. *Human Factors* 58(6): 915-926, 2016.

［49］Galinsky, T.L., Warm, J.S., Dember, W.N.,Weiler , E.M., and Scerbo, M.W. Sensory alternation and vigilance performance: The role of pathway inhibition. *Human Factors* 32(6): 717-728, 1990.

［50］Gerard, M.J., and Martin, B.J. Post-effects of long-term hand vibration on visuo-manual performance in a tracking task. *Ergonomics* 42(2): 314-326, 1999.

［51］Griffin, W.C., and Rockwell, T.H. Computer-aided testing of pilot response to critical in-flight events. *Human Factors* 26(5): 573- 581, 1984.

［52］Hancock, P.A., and Caird, J.K. Experimental evaluation of a model of mental work-load. *Human Factors* 35(3): 413-419, 1993.

［53］Harris, C.S., and Johnson, D.L. Effects of infrasound on cognitive performance. *Aviation, Space, and Environmental Medicine* 49(4): 582-586, 1978.

［54］Harris, C.S., and Shoenberger, R.W. Combined effects of broadband noise and complex waveform vibration on cognitive performance. *Aviation, Space, and Environmental Medicine* 51(1): 1-5, 1980.

［55］Helton, W.S., and Head, J. Earthquakes on the mind: Implications of disasters for human performance. *Human Factors* 54(2):189-194, 2012.

［56］Hubbard, D.C. Inadequacy of root mean square as a performance measure. Proceedings of the Fourth International Symposium on Aviation Psychology, 698-704, 1987.

［57］Lmbeau, D., Wierwille, W.W., Wolf, L.D., and Chun, G.A. Effects of instrument panel luminance and chromaticity on reading performance and preference in simulated driving. *Human Factors* 31(2): 147-160, 1989.

［58］Kennedy, R.S., Odenheimer, R.C., Baltzley, D.R., Dunlap, W.P., and Wood, C.D. Differential effects of scopolamine and amphetamine on microcomputer-based performance tests. *Aviation, Space, and Environmental Medicine* 61(7): 615-621, 1990.

［59］Kidwell, B., Calhoun, G.L., Ruff, H.A., and Parasuraman, R. Adaptable and adaptive automation for supervisory control of multiple autonomous vehicles. Proceedings of the Human Factors and Ergonomics Society 56th Annual Meeting , 428-432, 2012.

［60］Kimchi, R., Gopher, D., Rubin, Y., and Raij, D. Performance under dichoptic versus binocular viewing conditions: Effects of attention and task requirements. *Human Factors* 35(1): 35-36, 1993.

［61］Kirschenbaum, S.S., Trafton, J.C., Schunn, C.D., and Trickett, S.B. Visualizing uncertainty: The impact on performance. *Human Factors* 56(3): 509-520, 2014.

［62］Kopardekar, P., and Mital, A. The effect of different work-rest schedules on fatigue and performance of a simulated directory assistance operator's task. *Ergonomics* 37(10): 1697-1707, 1994.

［63］Kuller, R., and Laike, T. The impact of flicker from fluorescent lighting on well-being, performance and physiological arousal. *Ergonomics* 41(4): 433-447, 1998.

［64］Kvalseth, T.O. Human performance comparisons between digital pursuit and compensatory control. *Ergonomics* 21(6): 419-425, 1978.

［65］Lanzetta, T.M., Dember, W.N., Warm, J.S., and Berch, D.B. Effects of task type and stimulus heterogeneity on the event rate function in sustained attention. *Human Factors* 29(6): 625-633, 1987.

［66］Lee, D., Jeong, C., and Chung, M.K. Effects of user age and zoomable user interfaces on information searching tasks in a map-type space. Proceedings of the Human Factors and Ergonomics Society 54th Annual Meeting, 571-575, 2010.

［67］Lee, M.D., and Fisk, A.O. Disruption and maintenance of skilled visual search as a function of degree of consistency. *Human Factors* 35(2): 205-220, 1993.

［68］Li, G., and Oliver, S. Design factors of in-vehicle map display for efficient road recognition. Proceedings of the 1st Human Performance, Situation Awareness and Automation: User-Centered Design for the New Millennium, October 15-19, 2000.

［69］Loeb, M., Noonan, T.K., Ash, D.W., and Holding, D.H. Limitations of the cognitive vigilance decrement. *Human Factors* 29(6): 661-674, 1987.

［70］Maddox, M.E., and Turpin, J.A. The effect of number ordering and orientation on marking speed and errors for mark-sensed labels. *Human Factors* 28(4): 401-405, 1986.

［71］Manzey, D., Reichenbach, J., and Onnasch, L. Human performance consequences of automated decisions aids in states of fatigue. Proceedings of the Human Factors and Ergonomics Society 53rd Annual Meeting, 329-333, 2009.

［72］Matthews, M.L., Lovasik, J.V., and Mertins, K. Visual performance and subjective discomfort in prolonged viewing of chromatic displays. *Human Factors* 31(3): 259-271, 1989.

[73] McCann, P.H. The effects of ambient noise on vigilance performance. *Human Factors* 11(3): 251-256, 1969.

[74] McClernon, C.K., Miller, J.C., and Christensen, J.C. Variance as a method for objectively assessing pilot performance. Proceedings of the Human Factors and Ergonomics Society 56th Annual Meeting, 85-89, 2012.

[75] McDougald, B.R., and Wogalter, M.S. Increased comprehension of warning pictorials with color highlighting. Proceedings of the Human Factors and Ergonomics Society Annual Meeting, 1769-1772, 2011.

[76] McLeod, R.W., and Griffin, M.J. Effects of duration and vibration on performance of a continuous manual control task. *Ergonomics* 36(6): 645-659, 1993.

[77] Meister, D. *Human Factors Testing and Evaluation*. New York: Elsevier, 1986.

[78] Mertens, H.W., and Collins, W.E. The effects of age, sleep deprivation, and altitude on complex performance. *Human Factors* 28(5): 541-551, 1986.

[79] Meuter, R.F.I., and Lacherez, P.F. When and why threats go undetected: Impacts of event rate and shift length on threat detection accuracy during airport baggage screening. *Human Factors* 58(2): 218-228, 2016.

[80] Millar, K., and Watkinson, N. Recognition of words presented during general anesthesia. *Ergonomics* 26(6): 585-594, 1983.

[81] Moseley, M.J., and Griffin, M.J. Whole-body vibration and visual performance: An examination of spatial filtering and time-dependency. *Ergonomics* 30(4): 613-626, 1987.

[82] Mullin, J., and Corcoran, D.W.J. Interaction of task amplitude with circadian variation in auditory vigilance performance. *Ergonomics* 20(2): 193-200, 1977.

[83] O'Hanlon, J., Schmidt, A, and Baker, C.H. Sonar Doppler discrimination and the effect of a visual alertness indicator upon detection of auditory sonar signals in a sonar watch. *Human Factors* 7(2): 129-139, 1965.

[84] Oron-Gilad, T., Parmet, Y., and Benor, D. Interfaces for dismounted soldiers: Examination of non-perfect visual and tactile alerts in a simulated hostile urban environment. Proceedings of the Human Factors and Ergonomics Society 59th Annual Meeting, 145-149, 2015.

[85] Payne, D.G., and Lang, VA. Visual monitoring with spatially versus temporally distributed displays. *Human Factors* 33(4): 443-458, 1991.

[86] Pepler, R.D. Warmth and performance: An investigation in the tropics. *Ergonomics* 2(10): 63-88, 1958.

[87] Pitrella, F.D., and Kruger, W. Design and validation of matching tests to form equal groups for tracking experiments. *Ergonomics* 26(9): 833-845, 1983.

[88] Potter, J.J., and Singhose, W.E. Effects of input shaping on manual control of flexible and time-delayed systems. *Human Factors* 56(7): 1284-1295, 2014.

[89] Raaijmaker, J.G.W., and Verduyn, W.W. Individual difference and the effects of an information aid in performance of a fault diagnosis task. *Ergonomics* 39(7): 966-979, 1996.

[90] Ralston, J.V., Pisoni, D.B., Lively, S.E., Greene, G.B., and Mullennix, J.W. Comprehension of

synthetic speech produced by rule: Word monitoring and sentence-by-sentence listening tones. *Human Factors* 33(4): 471-491, 1991.

[91] Reichenbach, J., Onnasch, L., and Manzey, D. Misuse of automation: The impact of system experience on complacency and automation bias in interaction with automated aids. Proceedings of the Human Factors and Ergonomics Society 54th Annual Meeting, 374-378, 2010.

[92] Reinerman-Jones, L., Taylor, G., Sprouse, K., Barber, D., and Hudson, I. Adaptive auto-mation as a task switching and task congruence challenge. Proceedings of the Human Factors and Ergonomics Society 55th Annual Meeting, 197-201, 2011.

[93] Rhodes, W., Gugerty, L., Brooks, J., and Cantalupo, C. The effects of electronic map displays and spatial ability on performance of navigational tasks. Proceedings of the Human Factors and Ergonomics Society 53rd Annual Meeting, 369-373, 2009.

[94] Rosenberg, D.J., and Martin, G. Human performance evaluation of digitizer pucks for computer input of spatial information. *Human Factors* 30(2): 231-235, 1988.

[95] Ruffell-Smith, H.P. A *Simulator Study of the Interaction of Pilot Workload with Errors, Vigilance, and Decisions* (TM 78432). Moffett Field, CA: NASA Ames Research Center, January 1979.

[96] Salame, P., and Baddeley, A. Noise, unattended speech and short-term memory. *Ergonomics* 30(8): 1185-1194, 1987.

[97] Schmidt, T.N., Teo, G.W.L., Szalma, J.L., Hancock, G.M., and Hancock, P.A. The effect of video game play on performance in a vigilance task. Proceedings of the Human Factors and Ergonomics Society 56th Annual Meeting, 1544-1547, 2012.

[98] Siah, K.T., Yang, X.J., Yoshida, N., Ogiso, K., Holtta-Otto, K., and Naito, Y. Effects of experience, withdrawal speed and monitor size on colonoscopists' visual detection of polyps. Proceedings of the Human Factors and Ergonomics Society 59th Annual Meeting, 471-475, 2015.

[99] Smith, A.P., and Miles, C. The effects of lunch on cognitive vigilance tasks. *Ergonomics* 29(10): 1251-1261, 1986.

[100] St. John, M., and Risser, M.R. Sustaining vigilance by activating a secondary task when inattention is detected. Proceedings of the Human Factors and Ergonomics Society 53rd Annual Meeting, 155-159, 2009.

[101] Swanson, L., Jones, E., Riordan, B., Bruni, S., Schurr, N., Sullivan, S., and Lansey, J. Exploring human error in an RPA target detection task. Proceedings of the Human Factors and Ergonomics Society 56th Annual Meeting, 328-332, 2012.

[102] Taylor, G. S., and Szalma, J.L. The effects of the adaptability and reliability of automation on performance, stress and workload. Proceedings of the Human Factors and Ergonomics Society 53rd Annual Meeting, 160-164, 2009.

[103] Teo, G.W., Schmidt, T.N., Szalma, J.L., Hancock, G.M., and Hancock, P.A. The effects of feedback in vigilance training on performance, workload, stress and coping. Proceedings of the Human Factors and Ergonomics Society 57th Annual Meeting, 1119-1123, 2013.

[104] Teo, G., Schmidt, T., Szalma, J., Hancock, G.M., and Hancock, P.A. The effects of individual differences on vigilance training and performance in a dynamic vigilance task. Proceedings of the Human Factors and Ergonomics Society 58th Annual Meeting, 964-968, 2014.

［105］Teo, G.W.L., and Szalma, J.L. The effect of spatial and temporal task characteristics on performance, workload, and stress. Proceedings of the Human Factors and Ergonomics Society 54th Annual Meeting, 1699-1703, 2010.

［106］Teo, G., and Szalma, J.L. The effects of task type and source complexity on vigilance performance, workload, and stress. Proceedings of the Human Factors and Ergonomics Society 55th Annual Meeting, 1180-1184, 2011.

［107］Thomas, E., Deleon, R., Kelling, N., and Harper, C. Arrow key configurations on laptop keyboards: Performance and user preference of the inverted-T and modified-T layout. Proceedings of the Human Factors and Ergonomics Society 59th Annual Meeting, 1071-1074, 2015.

［108］Torie, G. Tracking performance under random acceleration: Effects of control dynamics. *Ergonomics* 8(4): 481-486, 1965.

［109］Tullis, T.S. Human performance evaluation of graphic and textual CRT displays of diagnostic data. Proceedings of the Human Factors Society 24th Annual Meeting, 310-316, 1980.

［110］Tzelgov, J., Henik, A., Dinstein, I., and Rabany, J. Performance consequences of two types of stereo picture compression. *Human Factors* 32(2): 173-182, 1990.

［111］Van der Kieij, R., and te Brake, G. Map-mediated dialogues: Effects of map orientation differences and shared reference points on map location-finding speed and accuracy. *Human Factors* 52(4): 526-536, 2010.

［112］Van Orden, K.F., Benoit, S.L., and Osga, G.A. Effects of cold air stress on the performance of a command and control task. *Human Factors* 38(1): 130-141, 1996.

［113］Vermeulen, J. Effects of functionally or topographically presented process schemes on operator performance. *Human Factors* 29(4): 383-394, 1987.

［114］Vidulich, M.A. The Bedford Scale: Does it measure spare capacity. Proceedings of the 6th International Symposium on Aviation Psychology, vol. 2, 1136-1141,1991.

［115］Vuckovic, A., Sanderson, P.M., Neal, A., Gaukrodger, S., and Wong, B.L.W. Relative position vectors: An alternative approach to conflict detection in air traffic control. *Human Factors* 55(5):946-964, 2013.

［116］Walker, B.N., Lindsay, J., Nance, A., Nakano, Y., Palladino, D.K., Dingle, T., and Jeon, M. Spearcons (speech-based earcons) improve navigation performance in advanced auditory menus. *Human Factors* 55(1): 157-182, 2013.

［117］Wang, Y., Millet, B., and Smith, J.L. Informing the use of vibrotactile feedback for information communication: An analysis of user performance across different vibrotactile designs. Proceedings of the Human Factors and Ergonomics Society 58th Annual Meeting, 1859-1863, 2014.

［118］Warren, W.R., Blickensderfer, B., Cruit, J., and Boquet, A Shift turnover strategy and time in aviation maintenance. Proceedings of the Human Factors and Ergonomics Society 57th Annual Meeting, 46-50, 2013.

［119］Wierwille, W.W., Rahimi, M., and Casali, J.C. Evaluation of 16 measures of mental workload using a simulated flight task emphasizing mediational activity. *Human Factors* 27(5): 489-502, 1985.

［120］Wild-Wall, N., Hahn, M., and Falkenstein, M. Preparatory processes and compensatory effort in older and younger participants in a driving-like dual task. *Human Factors* 53(2): 91-102, 2011.

[121] Yeh, Y., and Silverstein, L.D. Spatial judgments with monoscopic and stereoscopic presentation of perspective displays. *Human Factors* 34(5): 583-600, 1992.

[122] Zaitzeff, L.P. Aircrew task loading in the Boeing multimission simulator. Proceedings of Measurement of Aircrew Performance - The Flight Deck Workload and its Relation to Pilot Performance (AGARD-CP-56). AGARD, Neuilly-sur-Seine, France, 1969.

[123] Zeiner, AR., and Brecher, G.A. Reaction time with and without backscatter from intense pulsed light. *Aviation, Space, and Environmental Medicine* 46(2): 125-127, 1975.

2.2 时　间

第二类人因绩效测量指标是时间。此类测量假设任务具有可被明确定义的开始和结束，从而可以测量任务执行的持续时间。此类别中的测量方法包括双耳分听检测时间（2.2.1 节）、扫视持续时间（2.2.2 节）、注视点时间（2.2.3 节）、标记速度（2.2.4）、移动时间（2.2.5 节）、反应时（2.2.6 节）、阅读速度（2.2.7 节）、搜索时间（2.2.8 节）、任务负荷（2.2.9 节），以及完成时间（2.2.10 节）。

2.2.1　双耳分听检测时间

概述：通过耳机向被试者呈现语音信息。每段信息包括字母、数字和单词，同时向双耳呈现不同的信息。要求被试者报告出呈现给某只耳朵的特定信息。

优势和局限：Gopher（1982）报告了完成训练和未完成训练的飞行学员得分之间显著差异。

数据要求：需要听觉记录以及能够向每只耳朵呈现不同信息的音频系统。最后，需要一个系统来记录遗漏、干扰和切换错误。

阈值：低阈值是零。高阈值未说明。

原书参考文献

Gopher, D. Selective attention test as a predictor of success in flight training. *Human Factors* 24(2): 173-183, 1982.

2.2.2　扫视持续时间

概述：人类对单个场景进行视觉采样的持续时间被称为扫视。扫视持续时间已用于评估控制、显示和过程。

优势和局限：扫视持续时间长期以来一直被用来评估驾驶员绩效。在早期研究中，Mourant 和 Rockwell（1970）分析了在高速公路上以每小时 50 英里（每小时 80.47 公里）的速度行驶时 8 名驾驶员的扫视行为。随着路线变得越来越熟悉，驾驶员增加了对右侧边缘标记和地平线的扫视。当跟车时，驾驶员更频繁地扫视车道标志。lmbeau 等（1989）利用扫视显示器的时间来评估汽车仪表板的照明。不出意外地发现，信息的复杂性越高，浏览时间就越长（多出 0.05 s）。同样，Land（1993）报告在整个弯道中，驾驶员的扫视行为各不相同：在接近过程中搜索线索；在弯道中搜索进入弯道的线索；以及在出口时搜索弯道外的目标。

Mourant 和 Donohue（1977）报告称，新手驾驶员比成熟驾驶员看左侧车外后视镜的次数更少。在驾驶前，新手驾驶员也会比成熟驾驶员更多次的直接检查后视镜而不是扫视整体情况。此外，与障碍物相比，新手驾驶员对车辆的扫视时间更长、频率更高（Masuda 等，1990）。随着血液酒精浓度水平升高，扫视持续时间亦会增加（Masuda，1990）。

也有一些非驾驶员研究。例如，Fukuda（1992）报告称，一个扫视最多可以识别 6 个字符。

数据要求：眼动记录必须精确到水平 ±0.5°，垂直 ±1°（Mourant 和 Rockwell，1970）。

阈值：最小扫视持续时间是 0.68 s（Mourant 和 Donohue，1977）。最大扫视持续时间是 1.17 s（Mourant 和 Donohue，1977）。

原书参考文献

[1] Fukuda, T. Visual capability to receive character information Part I: How many characters can we recognize at a glance? *Ergonomics* 35(5): 617-627, 1992.

[2] Lmbeau, D., Wierwille, W. W., Wolf, L.D., and Chun, G.A. Effects of instrument panel luminance and chromaticity on reading performance and preference in simulated driving. *Human Factors* 31(2): 147-160, 1989.

[3] Land, M.F. Eye-head coordination during driving. IEEE Systems, Man and Cybernetics Conference Proceedings, 490-494, 1993.

[4] Masuda, K., Nagata, M., Kureyama, H., and Sato, T.B. *Visual Behavior of Novice Drivers as Affected by Traffic Conflicts* (*SAE Paper* 900141). Warrendale, PA: Society of Automotive Engineers, 1990.

［5］Mourant, R.R., and Donohue, R.J. Acquisition of indirect vision information by novice, experienced, and mature drivers. *Journal of Safety Research* 9(1): 39-46, 1977.

［6］Mourant, R.R., and Rockwell, T.H. Mapping eye movement patterns to the visual scene in driving: An exploratory study. *Human Factors* 12(1): 81-87, 1970.

2.2.3 注视点时间

概述：注视点指"飞行员在任何三十分之一秒内观察的当前坐标"（Harris 等，1986）。通常通过实时查看叠加在仪表板上的注视点或检查时间历程来进行分析。

优势和局限：实时观察注视点能有效告知研究人员搜索行为的发生，并有助于识别任何校准问题。对注视点的时间历程分析提供了诸如平均停留时间、停留百分比、停留时间、注视次数、每次停留的注视时长、单向和双向转换、扫视、搜索、转换和转换速率等信息。这些信息有助于：①安排最佳的信息呈现位置；②评估从每个显示器吸收信息所需的时间；③估计与每个显示器和任务重要性相关的视觉工作量（即眨眼率随着任务重要性的增加而降低）（Stern 等，1984）。Corkindale（1974）报道了不同工作条件下观看平视显示器（HUD）的时间百分比存在显著差异。Spady（1977）报告了在进近过程中采用手动（73% 的时间在飞行指引仪上，13% 在空速上）和带手动油门的自动驾驶仪（50% 在飞行指引仪上，13% 在空速上）之间有不同的搜索行为。

然而，注视点也存在一些局限性：①将目镜纳入工作场所或模拟器；②需要复杂的数据分析软件；③缺乏一致性；④难以解释结果；⑤缺乏平均驻留时间敏感度。局限 1 可以通过开发微型目镜来克服，局限 2 通过标准化软件包的可用性，局限 3 通过收集足够数据来建立趋势，局限 4 通过开发先进的分析技术，局限 5 是使用驻留直方图。

数据要求：必须校准目镜，并持续监测其数据，以确保其不会偏离轨道。需要专门的数据还原和分析软件。

阈值：未说明。

原书参考文献

［1］Corkindale, K.G.G. A flight simulator study of missile control performance as a function of concurrent workload. Proceedings of Simulation and Study of High Workload (AGARD-CP-146), 1974.

［2］Harris, R.L., Glover, B.J., and Spady, A.A. *Analytical Techniques of Pilot Scanning Behavior and Their Application* (*NASA Technical Paper* 2525). Hampton, VA: NASA Langley, July 1986.

［3］Spady, A.A. Airline pilot scanning behavior during approaches and landing in a Boeing 737 simulator. Proceedings of Guidance and Control Design Considerations for Low Altitude and Terminal Area Flight (AGARD-CP-240), 1977.

［4］Stern, J.A., Walrath, L.C., and Goldstein, R. The indigenous eye blink. *Psychophysiology* 21(1): 22-23, 1984.

2.2.4 标记速度

概述：Maddox 和 Turpin（1986）使用速度来评估使用标记感应形式的绩效。

优势和局限性：标记速度不受数字方向（水平或垂直）、数字顺序（从下到上或从上到下）或使用者惯用手习惯的影响（Maddox 和 Turpin，1986）。

数据要求：必须记录启动和停止时间。

阈值：五位数字的平均标记速度为 4.74 s。

原书参考文献

Maddox, M.E., and Turpin, J.A. The effect of number ordering and orientation on marking speed and errors for mark-sensed labels. *Human Factors* 28(4): 401-405, 1986.

2.2.5 移动时间

概述：Arnaut 和 Greenstein（1990）提供了移动时间的三个定义。"粗略移动被定义为从第一次触摸［控制］到光标第一次进入目标的时间。精细调整是从最初进入目标到手指最后离开［控制］的时间；总移动时间是这两个指标的总和。"

优势和局限性：Arnaut 和 Greenstein（1990）报告称，与较小（40 mm）的触摸板相比，较大（120 mm）的触摸板的总移动时间显著增加，精细调整时间显著减少。最大和最小的触摸板的总移动时间明显长于中等尺寸的触摸板（60 mm、80 mm 或 100 mm）。对于轨迹球，较长距离（160 mm 或 200 mm）的总移动时间明显长于最短距离（40 mm）。在第二个实验中，有触控笔和没有触控笔的触摸板在移动时间上没有显著差异。在不同的显示幅度和目标宽度之间，这三种测量都有显著差异。"一般来说，显示幅度越小，显示目标宽度越大，绩效越好。"

Lin 等（1992）利用移动时间对基于头控的计算机输入装置进行评价。实验结果表明，较窄的目标宽度（2.9 mm 与 8.1 mm 或 23.5 mm 相比），较高的目标高度

（1.2 mm 与 0.15 mm、0.3 mm 或 0.6 mm 相比），大移动范围（61.7 mm 与 24.3 mm 相比）的移动时间最长。Hancock 和 Cird（1993）报道，随着目标收缩率增大，移动时间也会增加。当路径长度增加时，移动时间进一步减小。

Hoffman 和 Sheikh（1994）报告称，随着目标高度从 200 mm 下降到 1 mm，以及目标宽度从 40 mm 下降到 10 mm，移动时间也会增加。Li 等（1995）报告称，移动时间随着移动距离的增加而增加，但在极端高度（座椅参考点上方 1080 mm）和角度（同侧 90°）时不成比例地增加。

Rorie 等（2013）使用 Novint Falcon 输入设备，利用移动时间比较目标尺寸、目标距离、弹簧力水平和重力水平的差异。目标尺寸、目标距离（越远越长）和重力水平（越高越快）在时间上存在显著差异，但弹簧力水平没有差异。Sheik-Nainar 等（2013）报告称，在对触摸板用力程度（轻按与重按）的比较中，移动时间没有差异。在一项类似的研究中，Kar 等（2015）报告称，3D 运动和手势控制界面的移动时间明显慢于鼠标或触控板。

数据要求：必须记录动作开始和结束时的时间。

阈值：低于 50 ms 的移动时间非常罕见。

原书参考文献

［1］Arnaut, L.Y., and Greenstein, J.S. Is display/control gain a useful metric for optimizing an interface? *Human Factors* 32(6): 651-663, 1990.

［2］Hancock, P.A., and Caird, J.K. Experimental evaluation of a model of mental work-load. *Human Factors* 35(3): 413-419, 1993.

［3］Hoffman, E.R., and Sheikh, I.H. Effect of varying target height in a Fitts' movement task. *Ergonomics* 36(7): 1071-1088, 1994.

［4］Kar, G., Vu, A., Nehme, B.J., and Hedge, A. Effects of mouse, trackpad, and 3D motion and gesture control on performance, posture, and comfort. Proceedings of the Human Factors and Ergonomics Society 59th Annual Meeting, 327-331, 2015.

［5］Li, S., Zhu, Z., and Adams, A.S. An exploratory study of arm-reach reaction time and eye-hand coordination. *Ergonomics* 38(4): 637-650, 1995.

［6］Lin, M.L., Rad win, R.G., and Vanderheiden, G.C. Gain effects on performance using a head-controlled computer input device. *Ergonomics* 35(2): 159-175, 1992.

［7］Rorie, R.C., Vu, K.L., Marayong, P., Robles, J., Strybel, T.Z., and Battiste, V. Effects of type and strength of force feedback on movement time in a target selection task. Proceedings of the Human Factors and Ergonomics Society 57th Annual Meeting, 36-40, 2013.

[8] Sheik-Nainar, M., Ostberg, A., and Matic, N. Two-level force input on touchpad and the effects of feedback on performance. Proceedings of the Human Factors and Ergonomics Society 57th Annual Meeting, 1052-1056, 2013.

2.2.6 反应时

概述：RT 是指从刺激开始到反应开始所经过的时间。刺激通常是呈现一个数字，需要进行手动按键反应，但任何刺激和任何输入或输出模式都是可能的。

优势和局限性：RT 可以测量心理加工阶段的持续时间（Donders，1969）。RT 对生理状态敏感，如疲劳、睡眠不足、衰老、脑损伤和药物（Boer 等，1984；Frowein，1981；Frowen 等，1981a、1981b；Gaillard 等，1983、1985、1986；Logsdon 等，1984；Moraal，1982；Sanders 等，1982；Steyvers，1987）。

Fowler 等（1987）使用 RT 作为五选项的视觉反应时任务中最重要的正确反应指标，用于检查缺氧的影响。动脉血氧饱和度为 82% 时的响应时间大于 84% 或 86% 时的响应时间。在一个相关的研究中，Fowler 等（1989）报道了惰性气体麻醉作用导致 RT 增加。

RT 对时间的影响也很敏感。例如，Coury 等（1989）报告称，随着时间的推移，RT 显著下降。Harris 等（1995）报告称，随着任务时间的增加，响应时间显著减少。Pigeau 等（1995）测量了防空操作员检测来袭飞机的响应时间。轮班和任务时间之间存在显著的交互作用。上夜班的被试者在 60 min 的工作 / 休息时间表中的 RT 比上晚班的被试者更长。轮班地区之间也存在显著的交互作用：北部地区午夜轮班的 RT 更长（即空中交通量较低）。最后，在两个班次时间中，RT 在午夜班期间增加，但在晚班期间减少。

RT 是一种可靠的测量指标（例如，分半信度在 0.81 和 0.92 之间变化）（Agard，1989）。然而，Vidulich（1991）报道了视觉选择 RT 任务的最新重测信度为 +0.39。Boer（1987）提出 RT 绩效可能需要 2000 次实验才能稳定。此外，Carter 等（1986）报告称，对于选择 RT 任务，斜率不如 RT 可靠。

RT 已被用于评估听觉、触觉、视觉和前庭刺激。早期的一项研究对这三者进行了比较。Swink（1966）比较了对灯、蜂鸣器和电脉冲的 RT。对脉冲的 RT 是最短的。

2.2.6.1 听觉刺激

20 世纪 60 年代的早期工作研究了刺激特征对 RT 的影响。例如，Loeb 和 Schmidt（1963）测量了 8 个被试者在 8 个 50 min 的片段中对随机出现的听觉信号的 RT。在 4 个片段中，信号比阈值高 10 dB。在其他 4 种情况下，比阈值高出 60 dB。

如果仅仅让被试者进行反应，而不告知信号会更快或更慢，则 10 dB 会话中的 RT 会增加。在一项为期 6 个月的研究中，Warrick 等（1965）测量了 5 位秘书对蜂鸣器的 RT，蜂鸣器每周在没有警告的情况下启动一次或两次。RT 随着时间的推移和警报的出现而降低。Simon（1967）报告了具有交叉刺激反应对应关系的 RT 明显长于同侧反应（例如，用右手对左耳的听觉刺激作出反应）。对于年龄较大的被试者来说尤其如此。

后来的研究重点是沟通和反馈。例如，Payne 和 Lang（1991）报道了快速通信比传统视觉显示的 RT 更短。在另一项通信实验中，自然语音中目标词的 RT 明显快于合成语音（Ralston，1991）。Akamatsu 等（1995）报告称，RT 中没有与反馈类型相关的差异（正常、听觉、颜色、触觉和组合）。

Begault 和 Pittman（1996）利用检测时间对飞机交通的传统音频警告与 3D 音频警告进行了比较。3D 音频显示的检测时间明显更短（500 ms）。Haas 和 Casali（1995）报告称，听觉刺激的 RT 随着感知紧迫性的增加和脉冲水平的增加而降低。Donmez 等（2009）报告称，对于无人机军事操作员来说，航向偏差声波导致的 RT 比个别警报的明显更快。Robinson 等（2012）报告称，与语义线索或单声道线索相比，使用 3D 音频线索定位模拟狙击手的时间要快得多。

与其他刺激的 RT 一样，Horne 和 Gibbons（1991）报告称，随着酒精剂量的增加，RT 显著增加。在一项人格特质研究中，Dattel 等（2011）报告称，无意视盲程度较高的被试者比无意视盲程度较低的被试者多花了 50% 的时间回答关于视频驾驶场景的无关问题。在最近的一项研究中，Arrabito 等（2013）报告称，听觉显示警告的 RT 明显快于触觉显示警告。

2.2.6.2 触觉刺激

在运动基模拟器中，当存在物理运动线索时，对侧风干扰的 RT 明显短于不存在物理运动线索时（Wierville，1983）。Chancey 等（2014）使用 RT 来比较不同波形、脉冲间隔和包络的振动触觉刺激。

2.2.6.3 视觉刺激

绝大多数使用 RT 的研究都是在视觉刺激下进行的。研究考察了任务、环境和被试者变量的影响。也有人努力将 RT 拆解为组件和模型。

任务变量：使用 RT 检查的任务变量包括目标特征、显示格式、任务计划和任务类型。

目标特征：在早期研究中，Baker 等（1960）报告了 RT 随着无关项目数量的增加以及参照物和形式的分辨率差异的增加而增加。RT 随刺激复杂度的增加（1 条、2 条或 4 条垂直线）、刺激间隔的减少（100 ms、300 ms、500 ms、700 ms、900 ms 和 1100 ms）（Aykin 等，1986）而增加。Mackie 和 Wylie（1994）报告称，随着绩效反馈和信号率的增加，声呐信号的 RT 降低。Hancock 和 Caird（1993）报告称，随着光标到目标路径长度的增加，RT 显著降低。Teo 和 Szalma（2010）报告了正确试次 RT 的显著差异，在单显示条件下反应最快，在 8 个显示条件下反应最慢。

在一项实地研究中，Cole 等（1978）记录了空中交通管制员（ATC）在起飞前对飞机初始运动的 RT。自变量是起飞延迟、观察者视线与跑道中心线的夹角，还有 ATC 人员经验、飞机加速度和双筒望远镜使用情况。RT 与这些自变量均显著相关。

Yeh 和 Silverstein（1992）测量了被试者对简化的飞机着陆显示器进行空间判断时的 RT。他们报告了显示器视野中目标处于前高部分与后低部分相比，目标之间的高度间隔较大，观察方向为 45° 时与 15° 时相比，以及双眼视差增加的情况下，都会使 RT 显著缩短。Steelman 和 McCarley（2011）报告称，当预期目标位置更高时，RT 显著缩短。当目标靠近显示器中心时，RT 也更短。

显示格式：研究内容包括闪光、背景、颜色、视角和符号类型。

在一项关于闪光的早期研究中，Crawford（1962）报告称，在闪光的背景下，视觉刺激的 RT 比在稳定的灯光背景下更长。然而，Wolcott 等（1979）发现，对于闪光选择 RT 没有显著差异。

人们经常研究背景的影响。Thackray 等（1979）报告称，研究目标为 16 个时较 4 个或 8 个目标时，关键目标的 RT 显著增加。Zeiner 和 Brecher（1975）报告称，在闪光灯存在反向散射的情况下，对视觉刺激的 RT 显著增加。Hollands 和 Lamb（2011）报告称，外接显示器的 RT 明显短于联机显示器，但这些显示器与内置显示器之间没有差异。

Lee 和 Fisk（1993）报告称，在视觉搜索任务中，如果刺激保持 100% 的一致性，则比不保持 100% 一致性（为 67%、50% 或 33%）的 RT 更快。Holahan 等（1978）要求被试者在出现有或没有停车标志的交通场景照片时陈述"停止"或"继续"。RT 随着干扰物数量的增加以及一些红色干扰物的存在而增加。在另一项交通研究中，Ho 等（2001）在具有不同杂乱程度的视觉场景中测量了对交通标志的 RT。年龄（年轻驾驶员的 RT 更短）、杂乱（杂乱增加了 RT）和目标的存在（存在使 RT 更短）都有显著影响。

与背景有关的是冗余线索的影响。Simon 和 Overmeyer（1984）使用 RT 来评估冗余视觉线索的影响。Simon 等（1988）对比研究了冗余线索与差异线索对 RT 的影响。Jubis（1990）使用 RT 来评估显示代码。她报告了冗余颜色和形状（平均值 =2.5 s）以及颜色（平均值 +2.3 s）编码的 RT 明显快于部分冗余颜色（平均值 =2.8 s）或形状（平均值 =3.5 s）。Perrott 等（1991）报道，当空间相关声音与视觉目标一起呈现时，视觉目标的 RT 显著降低。此外，MacDonald 和 Cole（1988）报告称，与单色显示器相比，飞行任务中用不同颜色编码呈现相关信息时的 RT 显著降低。

Murray 和 Caldwell（1996）报告称，随着要监控的显示器数量（1、2、3）增加和显示数字数量（1，2、3）增加 RT 变长。处理独立图像比冗余图像的 RT 更长。Hess 等人（2013）比较了伪装背景下不同尺寸的目标，并报告随着目标尺寸的减小，RT 显著延长。

Tzelgov 等（1990）使用 RT 来比较两种类型的立体图像压缩。他们报告了重要任务（目标决策 RT 比深度决策任务更快）、深度（深度差异较小的 RT 更快）、大小（比较对象之间没有大小差异时 RT 更短）以及呈现效果的影响，其中还存在大量的交互作用。Tullis（1980）报道了不同显示格式功能上 RT 的显著差异。以彩色图形显示的 RT 显著短于以结构化文本显示的 RT，黑白图形则介于两者之间。在一项关于视角的早期研究中，Simon 和 Wolf（1963）报告了随着视角的增加，RT 也会增加。与视角相关的因素是布局。Downing 和 Sanders（1987）报告称，在模拟控制室突发事件中，使用镜像面板的 RT 比非镜像面板的更长。

已在航空领域中使用 RT 研究了符号类型的影响。例如，Remington 和 Williams（1986）使用 RT 来测量直升机定位和识别态势显示符号的效率。数字符号的 RT 明显短于图形符号的 RT。阴性实验（目标不存在）平均比阳性实验（目标存在）长 120 ms，然而，阳性实验的错误多于阴性实验。

Taylor 和 Selcon（1990）在模拟飞机异常姿态恢复中比较了 4 种显示格式（HUD、姿态指示器、飞机参照物和命令指示器）的 RT。飞机参照物显示的反应时明显更长。在另一项航空实验中，Mocdieh 等（2013）报告称，随着主飞行显示器（PFD）中杂波数量的增加，视觉警报的 RT 显著增加。在最近的一项研究中，Mocdieh 和 Sarter（2015）报告称，高数据密度和视觉呈现信息的组织不佳导致 RT 明显更长。Pigeau 等（1995）测量了防空操作员检测来袭飞机的 RT。当同一地理区域被划分为两个而不是四个地区时，RT 会明显更长。

对 RT 的研究也出现在其他领域。例如，Chapanis 和 Lindenbaum（1959）将 RT 用于炉子控制燃烧器的布置。他们发现，RT 在试次 1 至 40 期间有所下降，但在试次

41 至 81 期间没有下降。他们还发现，在 4 种炉子控制燃烧器配置中，有一种能取得明显更短的 RT。Buttigieg 和 Sanderson（1991）报告了显示格式之间 RT 的显著差异。在实验的 3 天里，RT 也显著下降。

Coury 等（1989）报告称，进行分类任务时，数字显示的 RT 明显比结构或条形图显示更快。在一项类似的显示研究中，Steiner 和 Camacho（1989）报告称，RT 随着信息点数的增加显著增加，尤其是与图表相比，呈现字母数字时增加得更多。此外，Imbeau 等（1989）使用从刺激呈现到做出正确答案的时间来评估驾驶员的阅读绩效。这些研究人员报告了 7 个弧分字符的 RT（3.45 ~ 4.86 s）明显长于 25 个弧分特征的 RT（1.35 s）。在一项地图查看任务中，Rizzardo 和 Colle（2013）报告了当提供带口头转向指示器的空间指示灯，而不是仅提供空间指示灯时，左 / 右转弯的驾驶决策 RT 要快得多。

在另一项驾驶研究中，Kline 等（1990）假设行驶速度不变，将路标的可视距离转换为以秒为单位的视觉时间。这一测量方法使得图标和文本符号之间的差异非常明显。此外，McKnight 和 Shinar（1992）报告称，当前方车辆的刹车灯位于中央偏高的位置时，后面车辆的制动 RT 明显缩短。

RT 在区分显示效用方面也很有用（Nataupsky 和 Crittenden，1988）。此外，Boehm-Davis 等（1989）报告称，如果数据库的格式与所寻求的信息兼容，那么对数据库查询的 RT 会更快。Perriment（1960）检测了双感觉刺激（听觉和视觉）的 RT，Morgerstern 和 Haskell（1971）报告了显著的视觉刺激 RT 明显慢于听觉刺激 RT。最后，Curtis 等（2010）报告称，在没有向被试者提供反馈，或只提供概念性反馈的情况下，视觉辨别任务从前测到训练阶段的 RT 显著增加，并在后测阶段减少。然而，当知道结果后，RT 在所有 3 个时间段内持续下降。

任务计划：Adams 等（1962）报告称，在 3 h 的视觉检测任务中，RT 显著下降，但执行任务时间不超过 9 天。同年，Teichner（1962）报告称，随着初始会话中检测概率的增加，RT 也增加。

任务类型：Dewar 等（1976）报告称，与识别视觉呈现的交通信号相比，分类的 RT 更短。警告的 RT 也比监管标志的 RT 短，文本的 RT 比符号标志的 RT 更短。Wierville 等（1985）报告称，RT 受到数学问题解决任务难度的显著影响。他们将 RT 定义为从提出问题到做出正确反应的时间。

Koelega 等（1989）报告称，4 种类型的视觉警戒任务之间的 RT 没有显著差异："①认知持续表现测试（CPT），其中目标是字母 AX 的序列；② Bakan 认知任务的

视觉版本，其中目标被定义为三个连续的奇数但不相等的数字；③使用非数字刺激的
Bakan 类似物；④纯粹的感官任务，其中关键信号是亮度的变化。"

Fisk 和 Jones（1992）报告了当搜索组合的一致性［改变一致（所有单词都是目标）与不一致单词的比例：8∶0、6∶2、4∶4、2∶6 和 0∶8，一致性更高 RT 更短］和练习（从试次 1 到试次 12 RT 变短）对正确 RT 有显著影响。Elvers 等（1993）报告称，RT 随练习的变化而显著降低。对于体积估计与距离估计任务来说尤其如此。

Kimchi 等（1993）报告称，在集中注意力条件下，局部定向任务比全局定向任务的 RT 短得多；在分散注意力的情况下，全局定向任务的 RT 明显短于局部定向任务。Van Assen 和 Eijkman（1971）在二维跟踪任务中使用 RT 来评估学习情况。

甚至有研究评估执行任务方式的影响。例如，Welford（1971）报告称，用无名指和中指执行任务的 RT 比食指和小指的更长。

环境变量：在一项早期的环境研究中，Chiles（1958）报告称，没有与温度相关的差异。然而，Shva 等（1976）报告，在温和（23℃）和炎热环境（30℃）下，运动时的 RT 比休息时的长 30%。经过 8 天的热适应后，RT 从 30% 降低到 10%。Liebowitz 等（1972）报告称，当被试者在加热室中的跑步机上跑步时，有或没有补液，对于检测中心视觉区域红灯的 RT 没有显著差异。然而，随着练习，对外周视野灯光的 RT 有所降低。但 Enander（1987）报告称，在中度寒冷（+5℃）时，RT 没有增加。

Miles 等（1984）报告了与安静环境（65 dBC）相比，在噪声环境（95 dBC）中 RT 更长。Warner 和 Heimstra（1972）报告了 RT 与噪声（0，80，90，100dB），任务难度（8，16，32 字母显示）和目标位置（中央和外围）的函数存在显著差异。Beh 和 Hirst（1999）报告称，在音乐背景下对红绿灯显示的 RT 比安静时更短。然而，随着高强度（即 85 或 87 dBA）音乐播放，对周边视野中目标的 RT 增加。

Macintosh 等（1988）报告称，在海拔 4790 米或 5008 米的地方，进行视觉三重选择任务时，出现急性高原反应并受其影响的个体，RT 明显更长。在另一项缺氧实验中，Fowler 和 Kelso（1992）报告称，缺氧时的 RT 比正常时增加，特别是对于低强度（$0.38 \, cd/m^2$）而不是高强度（$1.57 \, cd/m^2$）的视觉刺激。Fowler 等（1982）报道，缺氧增加了 RT，尤其是在低亮度刺激下。Fowler 等（1985）也报道了缺氧时 RT 增加的情况。Leifflen 等（1997）使用人像选择 RT 任务来评估缺氧的影响。即使模拟高度达到 7000 米，与缺氧相关的错误数量和 RT 也没有显著变化。然而，Phillips 等（2009）报道了与缺氧相关的 RT 显著更长。

McCahy 等（1995）报告称，在相对于海平面 7000 英尺和 12000 英尺的高度判

断视觉目标时，RT 明显较慢。在类似的研究中，Linden 等（1996）报道了与缺氧和目标旋转角度增加相关的 RT 显著增加。当信号对非信号的速率较低（1/30）时，Gliner 等（1979）在检测到与臭氧检测相关的 1 秒光脉冲（0.00、0.25、0.50 和 0.75ppm）时没有报告任何显著差异。当信号到非信号增加 1 到 6 时，绩效在百万分之 0.75（ppm）时下降。在一项不同寻常的研究中，Helton 和 Head（2012）报告了 RT 的变化与经历 7.1 级地震时个体对压力的反应有关。Heimstra 等（1980 年）报告称，戒烟对 RT 没有影响。

Meens 和 Collins（1986）使用 RT 来警告视觉指针位置的变化和目标的连续呈现，以评估年龄（30 ～ 39 岁与 60 ～ 69 岁）、海拔（地面与 3810 米）和睡眠（允许与剥夺）的影响。在该实验中 RT 被标准化，然后进行转换，因此更好的任务绩效与更高的分数相关。老年人在任务负荷轻时分数比年轻人低。睡眠不足降低了所有 3 项 RT 任务的绩效；海拔高度对这两项任务绩效都没有显著影响。然而，Alfred 和 Riceρ（2012）比较了 21 ～ 38 岁和 39 ～ 58 岁两个年龄组的陆军人员视觉刺激的反应时，结果显示 RT 没有显著差异。

在一项航空相关研究中（Stewa 和 Clark，1975），13 名航空公司飞行员在执行视觉选择 RT 任务之前（0、50、90、542、926、5 503 和 9304 ms）暴露于旋转加速度（0.5/s、1.0/s 和 5.0/s）。RT 随着每个自变量的增加而显著增加。

作为使用 RT 的一个警示，Krause（1982）根据 15 名海军士兵在 15 天内进行 50 次实验的数据，建议在使用 RT 评估环境影响之前至少进行 1000 次实践实验。

被试者变量：使用 RT 对年龄、性别和经验进行了调查。

Deupere 和 Simon（1963）报道了在二选一条件下的 RT 比在单选条件下的要长。年龄较大的被试者（中位年龄 75 岁）在单选条件下比在二选一条件下 RT 更短。Korteling（1990）比较了弥漫性脑损伤患者中，年长男性（61 ～ 73 岁）的 RT 长于年轻男性（21 ～ 43 岁）。RT 作为反应 - 刺激间隔的函数显著不同（RSI；分别为 RSI=100 ms，RT=723 ms；50,698；1250,713）。通过刺激序列的相互作用，特别是"交替刺激的干扰后效随着 RSI 的增加而显著减少"。

Adam 等（1999）报道了男性的 RT 短于女性的趋势。在模拟 ATC 任务中，Thackray 等（1978）报告称，在两小时的对话中，RT 显著增加。然而，参与实验的 26 名男性和 26 名女性之间没有显著差异。Matthews 和 Ryan（1994）报告称，女大学生在月经前比月经期间完成线路长度比较任务的 RT 更长。

DeMaio 等（1978）要求教员和飞行学员指出飞机驾驶舱的照片是否正确。教员的反应更快、更准确。Briggs 和 Goldberg（1995）使用 RT 来评估识别装甲坦克的能力。被试者、呈现时间（随着呈现时间的增加，RT 更短）、视图形式（侧视比正视快）和模型（MI 最快，英国挑战者最慢）都存在显著影响。友军或敌军对 RT 没有显著影响。

然而，RT 并不总是对被试者之间的差异敏感。例如，Lenard 和 Carpenter（1964）报告称，五选项 RT 任务与 A.H.4 情报任务之间没有相关性。但以 5 分钟内输入的单词数量来测量时，RT 和打字机任务绩效之间存在显著相关性。此外，Park 和 Lee（1992）报告称，在计算机辅助能力倾向任务中，RT 并不能预测飞行学员的绩效。

Swanson 等（2012）使用 RT 来评估遥控飞机图像的开发。更低的地面间隔距离、更长停留时间和更长的方位角的 RT 明显更短。事件之间时间长短没有显著影响。

成分：采用不同的方法，Jeeves（1961）将总 RT 分解为分量时间，以评估高级预警的效果。Hilgendorf（1966）报告称，RT 是一个 $\log_2 n$ 函数，其中 n 是每个刺激的位数，即使在 n 很大的情况下也是线性函数。Krantz 等（1992）进一步开发了一个数学模型，来预测 RT 与空间频率、前视场显示亮度失配和亮度对比度的函数关系。Shattuck 等（2013）报告称，作为暴露于水上运动的函数，RT 没有显著差异。

在一项特殊实验中，Helton 等（2015）在警戒任务中使用 RT 来比较解离体验量表得分的水平。在另一项研究中，Claypool 和 Szalma（2015）报告称，与主管不在场时相比，有主管在场的情况下，警戒任务中的 RT 明显更短。Brown 等（2015）报告称，当工作时间为 3 小时或 9 小时，RT 比工作时间为 5 小时或 10 小时的情况下快30%。在最近的一项研究中，Jipp（2016）报告称，连续自动化故障的 RT 明显慢于初始自动化故障。

2.2.6.4　前庭刺激

Gundry（1978）要求被试者坐在转盘上时检测滚转运动。除非给予被试者视觉提示，否则左右翻滚的 RT 没有显著差异。然而，他们检测到向右翻滚（236 ms）明显快于向左翻滚（288 ms）。

2.2.6.5　相关测量

相关测量包括检测时间和识别时间。检测时间被定义为目标呈现的开始，直到做出正确的检测。识别时间是目标呈现的开始，直到目标被正确识别为止（Norman 和 Ehrlich，1986）。在早期的一项研究中，Haines（1968）报告称，随着星光背景（真实或模拟）或眩光源的引入，点光源的检测时间显著增加，被试者是 127 名未经训练的天文馆观察员。Tear 等（2013）报告称，头戴式显示器的检测时间比监视器更快。Pascale 等（2015）报告称，当被试者佩戴谷歌眼镜时，检测外围事件的时间比使用传统的计算机监视器更长。Kerstholt 等（1996）报道了同时出现目标的情况下检测时间显著增加。在两种复杂的目标条件下，后续目标的检测时间（第一个与第二个对比，第二个与第三个对比）也显著增加。

Thackray 和 Touchstone（1991）在模拟 ATC 任务中使用对次要目标的检测时间来检查在低任务负荷和高任务负荷下，颜色与闪光作为提示的效果。在自动化领域，Stelzer 和 Klein（2011）利用空中交通管制的时间来检测有和无自动化支持的飞行员偏差。尽管检测到的数量有显著性差异，但检测时间没有显著差异。此外，控制器发现在低任务负荷中，偏差明显快于在高任务负荷。

在早期的一项研究中，Johnston（1968）报告了水平分辨率、灰度阴影和倾斜范围对目标识别时间的显著影响。有 12 名被试者的视力为 2.0 或 2.0 以上。目标是通过闭路电视系统在地形板上观看三辆军用车辆模型（2\12 t 货运卡车、5000 kg 平板卡车和 90 mm 炮坦克）。

Bemis 等（1988 年）发现在传统雷达显示器和透视雷达显示器的威胁检测时间之间没有任何显著差异。然而，使用透视显示时，选择离威胁最近的拦截器的响应时间明显更短。Finomore 等（2010）也使用了响应时间，但是用于评估通信任务。他们报告了难度（简单与困难）和通信格式（无线电、3D 音频、聊天和多模式）的显著影响。

Damos（1985）使用了一种 RT 的变体，特别是"正确反应之间的平均间隔时间"（CRI）。CRI 包括做出错误反应的时间。CRI 对刺激模式和实验的变化很敏感。最后，Wickens 和 Ward（2017）使用飞机处于预测冲突中的百分比时间来比较传统显示器和 3D 显示器。与传统的 2D 显示器相比，飞机在 3D 显示器情况下处于预测冲突的时间百分比明显更大。

数据要求：刺激和反应的开始时间记录必须精确到 ms。

阈值：低于 50 ms 的 RT 非常罕见。

原书参考文献

［1］Adam, J.J., Paas, F.G.W.C., Buekers, M.J., Wuyts, I.J., Spijkers, W.A.C., and Wallmeyer, P. Gender differences in choice reaction time: Evidence for differential strategies. *Ergonomics* 42(2): 327-335, 1999.

［2］Adams, J.A., Humes, J.M., and Stenson, H.H. Monitoring of complex visual displays: III. Effects of repeated session on human vigilance. *Human Factors* 4(3): 149-158, 1962.

［3］Akamatsu, M., MacKenzie, I.S., and Hasbroucq, T. A comparison of tactile, auditory, and visual feedback in a pointing task using a mouse-type device. *Ergonomics* 38(4), 816-827, 1995.

［4］Alfred, P.E., and Rice, V.J. Age differences in simple and procedural reaction time among healthy military personnel. Proceedings of the Human Factors and Ergonomics Society 56th Annual Meeting, 1809-1813, 2012.

［5］Arrabito, C.R., Ho, G., Li, Y., Giang, W., Burns, C.M., Hou, M., and Pace, P. Proceedings of the Human Factors and Ergonomics Society 57th Annual Meeting, 1164-1168, 2013.

［6］Aykin, N., Czaja, S.J., and Drury, C.G. A simultaneous regression model for double stimulation tasks. *Human Factors* 28(6), 633-643, 1986.

［7］Baker, C.A., Morris, D.F., and Steedman, W.C. Target recognition on complex displays. *Human Factors* 2(2): 51-61, 1960.

［8］Begault, D.R., and Pittman, M.T. Three-dimensional audio versus head-down traffic alert and collision avoidance system displays. *International Journal of Aviation Psychology* 6(1): 79-93, 1996.

［9］Beh, H.C., and Hirst, R. Performance on driving-related tasks during music. *Ergonomics* 42(8): 1087-1 098, 1999.

［10］Bemis, S.V., Leeds, J.L., and Winer, E.A. Operator performance as a function of type of display: Conventional versus perspective. *Human Factors* 30(2): 163-169, 1988.

［11］Boehm-Davis, D.A., Holt, R.W., Koll, M., Yastrop, G., and Peters, R. Effects of different data base formats on information retrieval. *Human Factors* 31(5): 579-592, 1989.

［12］Boer, L.C. *Psychological Fitness of Leopard 1-V Crews after a 200-km Drive* (*Report Number lZF* 1987-30). Soesterberg, Netherlands: TNO Institute for Perception, 1987.

［13］Boer, L.C., Ruzius, M.H.B., Minpen, A.M., Bles, W., and Janssen, W.H. *Psychological Fitness during a Maneuver* (*Report Number lZF 1984-17*). Soesterberg, Netherlands: TNO Institute for Perception, 1984.

［14］Briggs, R.W., and Goldberg, J.H. Battlefield recognition of armored vehicles. *Human Factors* 37(3): 596-610, 1995.

［15］Brown, S., Matsangas, P., and Shattuck, N.L. Comparison of a circadian-based and a forward rotating watch schedules on sleep, mood, and psychomotor vigilance performance. Proceedings of the Human Factors and Ergonomics Society Annual Meeting, 1167- 1171, 2015.

［16］Buttigieg, M.A., and Sanderson, P.M. Emergent features in visual display design for two types of failure detection tasks. *Human Factors* 33(6): 631-651, 1991.

［17］Carter, R.C., Krause, M., and Harbeson, M.M. Beware the reliability of slope scores for individuals. *Human Factors* 28(6): 673-683, 1986.

［18］Chancey, E.T., Brill, J.C., Sitz, A., Schmuntzsch, U., and Bliss, J.P. Vibrotactile stimuli parameters on detection reaction times. Proceedings of the Human Factors and Ergonomics Society 58th Annual Meeting, 1701-1705, 2014.

［19］Chapanis, A., and Lindenbaum, L.E. A reaction time study of four control-display linkages. *Human Factors* 1(4): 1-7, 1959.

［20］Chiles, W.D. Effects of elevated temperatures on performance of a complex mental task. *Ergonomics* 2(1): 89-107, 1958.

［21］Claypoole, V.L., and Szalma, J.L. Social norms and cognitive performance: A look at the vigilance decrement in the presence of supervisors. Proceedings of the Human Factors and Ergonomics Society 59th Annual Meeting, 1012-1016, 2015.

［22］Cole, B.L., Johnston, A.W., Gibson, A.J., and Jacobs, R.J. Visual detection of commencement of aircraft takeoff runs. *Aviation, Space, and Environmental Medicine* 49(2): 395-405, 1978.

［23］Coury, B.G., Boulette, M.D., and Smith, R.A. Effect of uncertainty and diagnosticity on classification of multidimensional data with integral and separable displays of system status. *Human Factors* 31(5): 551-569, 1989.

［24］Crawford, A. The perception of light signals: The effect of the number of irrelevant lights. *Ergonomics* 5(3): 417-428, 1962.

［25］Curtis, M.T., Maraj, C., Ritman, M., and Jentsch, F. Investigation of the impact of feedback on decision accuracy and reaction time in a perceptual training task. Proceedings of the Human Factors and Ergonomics Society 54th Annual Meeting, 1630-1634, 2010.

［26］Damos, D. The effect of asymmetric transfer and speech technology on dual-task performance. *Human Factors* 27(4): 409-421, 1985.

［27］Dattel, A.R., Vogt, J.E., Fratzola, J.K., Dever, D.P., Stefonetti, M., Sheehan, C.C., Miller, M.C., and Cavanaugh, J.A. The gorilla's role in relevant and irrelevant stimuli in situation awareness and driving hazard detection. Proceedings of the Human Factors and Ergonomics Society 55th Annual Meeting, 924-928, 2011.

［28］DeMaio, J., Parkinson, S.R., and Crosby, J.V. A reaction time analysis of instrument scanning. *Human Factors* 20(4): 467-471, 1978.

［29］Deupree, R.H., and Simon, J.R. Reaction time and movement time as a function of age, stimulus duration, and task difficulty. *Ergonomics* 6(4): 403-412, 1963.

［30］Dewar, R.E., Ellis, J.G., and Mundy, G. Reaction time as an index of traffic sign perception. *Human Factors* 18(4): 381-392, 1976.

［31］Donders, F.C. On the speed of mental processes. In W.G. Koster (Ed.) Attention and Performance (pp. 412-431). *Amsterdam: North Holland*, 1969.

［32］Donmez, B., Cummings, M.L., and Graham, H.D. Auditory decision aiding in supervisory control of multiple unmanned aerial vehicles. *Human Factors* 51(5): 718-729, 2009.

［33］Downing, J.V., and Sanders, M.S. The effects of panel arrangement and focus of attention on performance. *Human Factors* 29(5): 551-562, 1987.

［34］Elvers, G.C., Adapathya, R.S., Klauer, K.M., Kander, D.E., and Dolan, N.J. Effects of task probability on integral and separable task performance. *Human Factors* 35(4): 629-637, 1993.

［35］Enander, A. Effects of moderate cold on performance of psychomotor and cognitive tasks. *Ergonomics* 30(10): 1431-1445, 1987.

［36］Finomore, V., Popik, D., Castle, C., and Dallman, R. Effects of a network-centric multi-modal communication tool on a communication monitoring task. Proceedings of the Human Factors and Ergonomics Society 54th Annual Meeting, 2125-2129, 2010.

［37］Fisk, A.O., and Jones, C.D. Global versus local consistency: Effects of degree of within-category consistency on performance and learning. *Human Factors* 34(6): 693-705, 1992.

［38］Fowler, B., Elcombe, D.D., Kelso, B., and Portlier, G. The thresholds for hypoxia effects on perceptual-motor performance. *Human Factors* 29(1): 61-66, 1987.

［39］Fowler, B., and Kelso, B. The effects of hypoxia on components of the human event-related potential and relationship to reaction time. *Aviation, Space, and Environmental Medicine* 63(6): 510- 516, 1992.

［40］Fowler, B., Mitchell, I., Bhatia, M., and Portlier, G. Narcosis has additive rather than interactive effects on discrimination reaction time. *Human Factors* 31(5): 571-578, 1989.

［41］Fowler, B., Paul, M., Porlier, G., Elcombe, D.D., and Taylor, M. A re-evaluation of the minimum altitude at which hypoxic performance decrements can be detected. *Ergonomics* 28(5): 781-791, 1985.

［42］Fowler, B., White, P.L., Wright, C.R., and Ackles, KN. The effects of hypoxia on serial response time. *Ergonomics* 25(3): 189-201, 1982.

［43］Frowein, H.W. Selective drug effects on information processing. Dissertatie, Katholieke Hogeschool, Tilburg, 1981.

［44］Frowein, H.W., Gaillard, A.W.K., and Varey, C.A. EP components, visual processing stages, and the effect of a barbiturate. *Biological Psychology* 13: 239-249, 1981a.

［45］Frowein, H.W., Reitsma, D., and Aquarius, C. Effects of two counteractivity stresses on the reaction process. In J. Long and AD. Baddeley (Eds.) *Attention and Performance* . Hillsdale, NJ: Erlbaum, 1981b.

［46］Gaillard, A.W.K., Gruisen, A., and de Jong, R. *The Influence of Loratadine (sch 29851) on Human Performance (Report Number IZF 1986-C-19)*. Soesterberg, Netherlands: TNO Institute for Perception, 1986.

［47］Gaillard, A.W.K., Rozendaal, A.H., and Varey, C. A. *The Effects of Marginal Vitamin Deficiency on Mental Performance (Report Number IZF 1983-29)*. Soesterberg, Netherlands: TNO Institute for Perception, 1983.

［48］Gaillard, A.W.K., Varey, C.A., and Ruzius, M.H.B. *Marginal Vitamin Deficiency and Mental Performance (Report Number lZF 1985-22)*. Soesterberg, Netherlands: TNO Institute for Perception, 1985.

［49］Gliner, J.A., Matsen-Twisdale, J.A., and Horvath, S.M. Auditory and visual sustained attention during ozone exposure. *Aviation, Space, and Environmental Medicine* 50(9): 906-910, 1979.

［50］Gundry, A.J. Experiments on the detection of roll motion. *Aviation, Space, and Environmental Medicine* 49(5): 657-664, 1978.

［51］Haas, E.C., and Casali, J.G. Perceived urgency of and response time to multi-tone and frequency modulated warning signals in broadband noise. *Ergonomics* 38(11): 2313-2326, 1995.

［52］Haines, R.F. Detection time to a point source of light appearing on a star field back-ground with and without a glare source present. *Human Factors* 10(5): 523- 530, 1968.

［53］Hancock, P.A., and Caird, J.K. Experimental evaluation of a model of mental work-load. *Human Factors* 35(3): 413-429, 1993.

［54］Harris, W.C., Hancock, P.A., Arthur, E.J., and Caird, J.K. Performance, workload, and fatigue changes associated with automation. *International Journal of Aviation Psychology* 5(2): 169-185,

1995.

[55] Heimstra, N.W., Fallesen, J.J., Kinsley, S.A., and Warner, N.W. The effects of deprivation of cigarette smoking on psychomotor performance. *Ergonomics* 23(11): 1047- 1055, 1980.

[56] Helton, W.S., and Head, J. Earthquakes on the mind: Implications of disasters for human performance. *Human Factors* 54(2): 189-194, 2012.

[57] Helton, W.S., Russell, P.N., and Dorahy, M.J. Dissociative tendencies and dual-task load: Effects on vigilance performance. Proceedings of the Human Factors and Ergonomics Society 59th Annual Meeting, 711- 715, 2015.

[58] Hess, A.S., Wismer, A.J., Bohil, C.J., and Neider, M.B. On the hunt: Visual search for camouflaged targets in realistic environments. Proceedings of the Human Factors and Ergonomics Society 57th Annual Meeting, 1124-1128, 2013.

[59] Hilgendorf, L. Information input and response time. *Ergonomics* 9(1): 31- 38, 1966.

[60] Ho, G., Scialfi, C.T., Caird, J.K., and Graw, T. Visual search for traffic signs: The effects of clutter, luminance, and aging. *Human Factors* 43(2): 194-207, 2001.

[61] Holahan, C.J., Culler, R.E., and Wilcox, B.L. Effects of visual detection on reaction time in a simulated traffic environment. *Human Factors* 20(4): 409-413, 1978.

[62] Hollands, J.G., and Lamb, M. Viewpoint tethering for remotely operated vehicles: Effects on complex terrain navigation and spatial awareness. *Human Factors* 53(2): 154-167, 2011.

[63] Horne, J.A., and Gibbons, H. Effects of vigilance performance and sleepiness of alcohol given in the early afternoon (post lunch) vs. early evening. *Ergonomics* 34(1): 67-77, 1991.

[64] Imbeau, D., Wierwille, W.W., Wolf, L.D., and Chun, G.A. Effects of instrument panel luminance and chromaticity on reading performance and preference in simulated driving. *Human Factors* 31(2): 147-160, 1989.

[65] Jeeves, M.A. Changes in performance at a serial-reaction task under conditions of advance and delay of information. *Ergonomics* 4(4): 327-338, 1961.

[66] Jipp, M. Reaction times to consecutive automation failures: A function of working memory and sustained attention. *Human Factors* 58(8): 1248-1261, 2016.

[67] Johnston, D.M. Target recognition on TV as a function of horizontal resolution and shades of gray. *Human Factors* 10(3): 201-210, 1968.

[68] Jubis, R.M. Coding effects on performance in a process control task with uniparameter and multiparameter displays. *Human Factors* 32(3): 287-297, 1990.

[69] Kerstholt, J.H., Passenier, P.O., Houltuin, K., and Schuffel, H. The effect of a priori probability and complexity on decision making in a supervisory task. *Human Factors* 38(1): 65-78, 1996.

[70] Kimchi, R., Gopher, D., Rubin, Y., and Raij, D. Performance under dichoptic versus binocular viewing conditions: Effects of attention and task requirements. *Human Factors* 35(1): 35-56, 1993.

[71] Kline, T.J.B., Ghali, L.M., Kline, D., and Brown, S. Visibility distance of highway signs among young, middle-aged, and older observers: Icons are better than text. *Human Factors* 32(5): 609-619, 1990.

[72] Koelega, H.S., Brinkman, J., Hendriks, L., and Verbaten, M.N. Processing demands, effort, and individual differences in four different vigilance tasks. *Human Factors* 31(1): 45-62, 1989.

［73］Korteling, J.E. Perception-response speed and driving capabilities of brain-damaged and older drivers. *Human Factors* 32(1): 95-108, 1990.

［74］Krantz, J.H., Silverstein, L.D., and Yeh, Y. Visibility of transmissive liquid crystal displays under dynamic lighting conditions. *Human Factors* 34(5): 615-632, 1992.

［75］Krause, M. Repeated measures on a choice reaction time task. Proceedings of the Human Factors Society 26th Annual Meeting, 359-363, 1982.

［76］Lee, M.D., and Fisk, AD. Disruption and maintenance of skilled visual search as a function of degree of consistency. *Human Factors* 35(2): 205-220, 1993.

［77］Leifflen, D., Poquin, D., Savourey G., Barraud, P., Raphel, C., and Bittel, J. Cognitive performance during short acclimation to severe hypoxia. *Aviation, Space, and Environmental Medicine* 68(11): 993-997, 1997.

［78］Leonard, J.A., and Carpenter, A. On the correlation between a serial choice reaction task and subsequent achievement at typewriting. *Ergonomics* 7(2): 197- 204, 1964.

［79］Liebowitz, H.W., Abernathy, C.N., Buskirk, E.R., Bar-or, O., and Hennessy, R.T. The effect of heat stress on reaction time to centrally and peripherally presented stimuli. *Human Factors* 14(2): 155-160, 1972.

［80］Linden, A.E., Nathoo, A., and Fowler, B. An AFM investigation of the effects of acute hypoxia on mental rotation. *Ergonomics* 39 (2): 278-284, 1996.

［81］Loeb, M., and Schmidt, E.A. A comparison of the effects of different kinds of in formation in maintaining efficiency on an auditory monitoring task. *Ergonomics* 6(1): 75-82, 1963.

［82］Logsdon, R., Hochhaus, L., Williams, H.L., Rundell, O.H., and Maxwell, D. Secobarbital and perceptual processing. *Acta Psychologica* 55: 179-193, 1984.

［83］MacDonald, W.A., and Cole, B.L. Evaluating the role of colour in a flight information cockpit display. *Ergonomics* 31(1): 13-37, 1988.

［84］Macintosh, J.H., Thomas, D.J., Olive, J.E., Chesner, J.M., and Knight, R.J.E. The effect of altitude on tests of reaction time and alertness. *Aviation, Space, and Environmental Medicine* 59(3): 246-248, 1988.

［85］Mackie, R.R., and Wylie, C.D. Countering loss of vigilance in sonar watch standing using signal injection and performance feedback. *Ergonomics* 37(7): 1157-1184,1994.

［86］Matthews, G., and Ryan, H. The expression of the "pre-menstrual" syndrome in measures of mood and sustained attention. *Ergonomics* 37(8): 1407-1417, 1994.

［87］McCarthy, D., Corban, R., Legg, S., and Faris, J. Effects of mild hypoxia on perceptual-motor performance: A signal-detection approach. *Ergonomics* 38(10): 1979-1992, 1995.

［88］McKnight, A.J., and Shinar, D. Brake reaction time to center high-mounted stop lamps on vans and trucks. *Human Factors* 34(2): 205-213, 1992.

［89］Mertens, H.W., and Collins, W.E. The effects of age, sleep deprivation, and altitude on complex performance. *Human Factors* 28(5): 541- 551, 1986.

［90］Miles, C., Auburn, T.C., and Jones, D.M. Effects of loud noise and signal probability on visual vigilance. *Ergonomics* 27(8): 855-862, 1984.

［91］Moacdieh, N.M., Prinet, J.C., and Sarter, N.B. Effects of modern primary flight display clutter:

Evidence from performance and eye tracking data. Proceedings of the Human Factors and Ergonomics Society 57th Annual Meeting, 11-15, 2013.

[92] Moacdieh N., and Sarter, N. Data density and poor organization: Analyzing the performance and attentional effects of two aspects of display clutter. Proceedings of the Human Factors and Ergonomics Society 59th Annual Meeting, 1336-1340, 2015.

[93] Moraal, J. *Age and Information Processing: An Application of Sternberg's Additive Factor Method* (*Report Number 1ZF 1982-18*). Soesterberg, Netherlands: TNO Institute for Perception, 1982.

[94] Morgerstern, F.S., and Haskell, S.H. Disruptive reaction times in single and multiple response units. *Ergonomics* 14(2): 219-230, 1971.

[95] Murray, S.A., and Caldwell, B.S. Human performance and control of multiple systems. *Human Factors* 38(2): 323-329, 1996.

[96] Nataupsky, M., and Crittenden, L. Stereo 3-D and non-stereo presentations of a computer-generated pictorial primary flight display with pathway augmentation. Proceedings of the 9th AIAA/ IEEE Digital Avionics Systems Conference, 1988.

[97] Norman, J., and Ehrlich, S. Visual accommodation and virtual image displays: Target detection and recognition. *Human Factors* 28(2): 135-151, 1986.

[98] Park, KS., and Lee, S.W. A computer-aided aptitude test for predicting flight performance of trainees. *Human Factors* 34(2): 189-204, 1992.

[99] Pascale, M., Sanderson, P., Liu, D., Mohamed, I., Stigter, N., and Loeb, R. Peripheral detection for abrupt onset stimuli presented via head-worn display. Proceedings of the Human Factors and Ergonomics Society 59th Annual Meeting, 1326-1330, 2015.

[100] Payne, D.G., and Lang, V.A. Visual monitoring with spatially versus temporally distributed displays. *Human Factors* 33(4): 443-458, 1991.

[101] Perriment, A.D. The effect of signal characteristics on reaction time using bisensory stimulation. *Ergonomics* 12(1): 71-78, 1969.

[102] Perrott, D.R., Sadralodabai, T., Saberi, K., and Strybel, T.Z. Aurally aided visual search in the central visual field: Effects of visual load and visual enhancement of the target. *Human Factors* 33(4): 389-400, 1991.

[103] Phillips, J.B., Simmons, R.G., Florian, J.P., Horning, D.S., Lojewski, R.A., and Chandler, J.F. Moderate intermittent hypoxia: Effect on two-choice reaction time followed by a significant delay in recovery. Proceedings of the Human Factors and Ergonomics Society 53rd Annual Meeting, 1564-1568, 2009.

[104] Pigeau, R.A., Angus, R.G., O'Neill, P., and Mack, I. Vigilance latencies to aircraft detection among NORAD surveillance operators. *Human Factors* 37(3): 622-634, 1995.

[105] Ralston, J.V., Pisoni, D. B., Lively, S.E., Greene, B.G., and Mullennix, J.W. Comprehension of synthetic speech produced by rule: Word monitoring and sentence-by-sentence listening times. *Human Factors* 33(4): 471-491, 1991.

[106] Remington, R., and Williams, D. On the selection and evaluation of visual display symbology: Factors influencing search and identification times. *Human Factors* 28(4): 407-420, 1986.

[107] Rizzardo, C.A., and Colle, HA. Dual-coded advisory turn indicators for GPS navigational guidance

of surface vehicles: Effects of map orientation. *Human Factors* 55(5): 935-945, 2013.

[108] Robinson, E., Simpson, B., Finomore, V., Cowgill, J., Shalin, V.L., Hampton, A., Moore, T., Rapoch, T., and Gilkey, R. Aurally aided visual threat acquisition in a virtual urban environment. Proceedings of the Human Factors and Ergonomics Society 56th Annual Meeting, 1471-1475, 2012.

[109] Sanders, A. F., Wijnen, J.I.C., and van Arkel, A.E. An additive factor analysis of the effects of sleep-loss on reaction processes. *Acta Psychologica* 51: 41-59, 1982.

[110] Shattuck, N.L., Shattuck, L.G., Smith, K., and Matsangas, P. Changes in reaction times and executive decision-making following exposure to waterborne motion. Proceedings of the Human Factors and Ergonomics Society 57th Annual Meeting, 1987-1991, 2013.

[111] Shvartz, E., Meroz, A., Mechtinger, A., and Birnfeld, H. Simple reaction time during exercise, heat exposure, and heat acclimation. *Aviation, Space, and Environmental Medicine* 47(11): 1168-1170, 1976.

[112] Simon, J.R. Choice reaction time as a function of auditory S-R correspondence, age, and sex. *Ergonomics* 10(6): 659- 664, 1967.

[113] Simon, J.R., and Overmeyer, S.P. The effect of redundant cues on retrieval time. *Human Factors* 26(3): 315-321, 1984.

[114] Simon, J.R., Peterson, K.D., and Wang, J.H. Same-different reaction time to stimuli presented simultaneously to separate cerebral hemispheres. *Ergonomics* 31(12): 1837-1846, 1988.

[115] Simon, J.R., and Wolf, J.D. Choice reaction time as a function of angular stimulus-response correspondence and age. *Ergonomics* 6(1): 99-106, 1963.

[116] Steelman, KS., and McCarley, J.S. Interaction among target salience, eccentricity target expectancy and workload in an alert detection task. Proceedings of the Human Factors and Ergonomics Society 55th Annual Meeting, 1407-1411, 2011.

[117] Steiner, B.A., and Camacho, M.J. Situation awareness: Icons vs. alphanumerics. Proceedings of the Human Factors Society 33rd Annual Meeting, 28-32, 1989.

[118] Stelzer, E.M., and Klein, K.A. Effectiveness of a spatial algorithm for air traffic controller use in airport surface conformance monitoring. Proceedings of the Human Factors Society 55th Annual Meeting, 6-9, 2011.

[119] Stewart, J.D., and Clark, B. Choice reaction time to visual motion during prolonged rotary motion in airline pilots. *Aviation, Space, and Environmental Medicine* 46(6): 767-771, 1975.

[120] Steyvers, F.J.J.M. The influence of sleep deprivation and knowledge of results on perceptual encoding. *Acta Psychologica* 66: 173-178, 1987.

[121] Swanson, L., Jones, E., Riordan , B., Bruni, S., Schurr, N., Sullivan, S., and Lansey, J. Exploring human error in an RPA target detection task. Proceedings of the Human Factors and Ergonomics Society 56th Annual Meeting, 328-332, 2012.

[122] Swink, J.R. Intersensory comparisons of reaction time using an electro-pulse tactile stimulus. *Human Factors* 8(2): 143-146, 1966.

[123] Taylor, R.M., and Selcon, S.J. Cognitive quality and situational awareness with advanced aircraft attitude displays. Proceedings of the Human Factors Society 34th Annual Meeting, 26-30, 1990.

［124］Tear, CL., Fox, M., Tsai, M., Liu, D., and Sanderson, P.M. Detecting numerical and waveform changes on a head-mounted display vs. monitor. Proceedings of the Human Factors and Ergonomics Society 57th Annual Meeting, 1134-1138, 2013.

［125］Teichner, W.H. Probability of detection and speed of response in simple monitoring. *Human Factors* 4(4): 181-186, 1962.

［126］Teo, G.W.L., and Szalma, J.L. The effect of spatial and temporal task characteristics on performance, workload, and stress. Proceedings of the Human Factors and Ergonomics Society 54th Annual Meeting, 1699-1703, 2010.

［127］Thackray, R.I., Bailey, J.P., and Touchstone, R.M. The effect of increased monitoring load on vigilance performance using a simulated radar display. *Ergonomics* 22(5): 529-539, 1979.

［128］Thackray, R.I., and Touchstone, R.M. Effects of monitoring under high and low task load on detection of flashing and coloured radar targets. *Ergonomics* 34(8): 1065-1081, 1991.

［129］Thackray, R.I., Touchstone, R.M., and Bailey J.P. Comparison of the vigilance performance of men and women using a simulated radar task. *Aviation, Space, and Environmental Medicine* 49(10): 1215-1218, 1978.

［130］Tullis, T.S. Human performance evaluation of graphic and textual CRT displays of diagnostic data. Proceedings of the Human Factors Society 24th Annual Meeting, 310-316, 1980.

［131］Tzelgov, J., Henik, A, Dinstein, I., and Rabany, J. Performance consequence of two types of stereo picture compression. *Human Factors* 32(2): 173-182, 1990.

［132］Van Assen, A., and Eijkman, E.G. Reaction time and performance in learning a two dimensional compensatory tracking task. *Ergonomics* 13(9): 707-717, 1971.

［133］Vidulich, M.A. The Bedford Scale: Does it measure spare capacity? Proceedings of the 6th International Symposium on Aviation Psychology, 1136-1141, 1991.

［134］Warner, H.D., and Heimstra, N.W. Effects of noise intensity on visual target-detection performance. *Human Factors* 14(2): 181-185, 1972.

［135］Warrick, M.J., Kibler, A.W., and Topmiller, D.A. Response time to unexpected stimuli. *Human Factors* 7(1): 81-86, 1965.

［136］Welford, A.T. What is the basis of choice reaction-time? *Ergonomics* 14(6): 679-693, 1971.

［137］Wickens, C.D., and Ward, J. Cockpit displays of traffic and weather information: Effects of 30 perspective versus 2D coplanar rendering and database integration. *International Journal of Aerospace Psychology* 27 (1-2): 44-56, 2017.

［138］Wierwille, W.W., Casali, J.G. and Repa, B.S. Driver steering reaction time to abruptonset crosswinds, as measured in a moving-base driving simulator. Human Factors 25(1): 103-116, 1983.

［139］Wierwille, W.W., Rahimi, M., and Casali, J.G. Evaluation of 16 measures of mental workload using a simulated flight task emphasizing mediational activity. *Human Factors* 27(5): 489-502, 1985.

［140］Wolcott, J. H., Hanson, C.A., Foster, W.D., and Kay, T. Correlation of choice reaction time performance with biorhythmic criticality and cycle phase. *Aviation, Space, and Environmental Medicine* 50(1): 34-39, 1979.

［141］Yeh, Y., and Silverstein, L.D. Spatial judgments with monoscopic and stereoscopic presentation of

54

perspective displays. *Human Factors* 34(5): 583-600, 1992.

[142] Zeiner, A.R., and Brecher, G.A. Reaction time with and without backscatter from intense pulsed light. *Aviation, Space, and Environmental Medicine* 46(2): 125-127, 1975.

2.2.7　阅读速度

概述：阅读速度指阅读的单词数与阅读时长的比值。阅读速度通常以每分钟单词数来测量。

优势和局限性：在早期的一项研究中，Seminar（1960）测量了使用触觉呈现信件的阅读速度，报告中提出，2 个字母的平均速度为 5.5 s，7 个字母的速度为 25.5 s。被试者为 3 男 3 女。

Cushman（1986）报道说，消极图像的阅读速度往往比积极图像慢。由于可能存在速度与准确性的权衡，Cushman（1986）还计算了整体阅读表现（阅读速度 × 正确回答的阅读理解问题的百分比）。在同一年，Gould 和 Grischkowsky（1986）报告称，当视角增加超过 24.3° 时，阅读速度降低。在后续的研究中，Gould 等（1987）报告了一系列共 10 个实验，阴极射线管（CRT）显示器的阅读速度比纸张慢。在一项类似的研究中，Joma 和 Snyder（1991）报道了如果图像质量相似，硬拷贝和软拷贝显示器的阅读速度相等。

Gould 等（1987）基于六项研究得出结论，如果 CRT 显示器包含"类似于纸张上的字符字体（例如点阵字体），在浅色背景上具有深色字符极性，即消除锯齿（包含灰度），并且在相对高分辨率（例如，1000 × 800）的显示器上显示的字符字体"，则在纸张和 CRT 上的阅读速度是相等的。

一年后，Chen 等（1988）使用平均阅读速率，以每分钟单词数（wpm）为单位，来评估窗口大小（20 个字符对 40 个字符）和跳跃长度（即消息在视觉显示中水平前进的字符数）对视觉显示的影响。这些报告提出，1 个跳跃长度（90 ~ 91 wpm）的阅读速率明显低于 5 个（128 wpm）或 9 个跳跃长度（139 ~ 144 wpm）条件。然而，阅读速率并没有受到窗口大小的显著影响。

Campbell 等（1981）报告称，校准的文本阅读速度有所提高。Moseley 和 Griffin（1986）报告了显示器、被试者或两者的抖动，会增加阅读时间和阅读错误。

Lachman（1989）使用阅读时间的倒数，即阅读速率来评估在 CRT 显示器上同时呈现定义和文本的效果。前 14 个屏幕的阅读速率明显高于后 14 个屏幕。

数据要求：必须记录单词的数量和阅读间隔的持续时间。

阈值：库什曼（1986）报告了以下平均单词 / 分钟：纸张 = 218；积极图像的

缩微胶片 = 210；消极图像的缩微胶片 = 199；积极、消极图像对比度视频显示终端
（VDT）= 216；以及消极、积极图像对比度 VDT = 209。

原书参考文献

［1］Campbell, A.J., Marchetti, F.M., and Mewhort, D.J.K. Reading speed and text production A note on right-justification techniques. *Ergonomics* 24(8): 633-640, 1981.

［2］Chen, H., Chan, K., and Tsoi, K. Reading self-paced moving text on a computer display. *Human Factors* 30(3): 285-291, 1988.

［3］Cushman, W.H. Reading from microfiche, a VDT, and the printed page: Subjective fatigue and performance. *Human Factors* 28(1): 63-73, 1986.

［4］Gould, J.D., Alfaro, L., Finn, R., Haupt, B., and Minuto, A Reading from CRT displays can be as fast as reading from paper. *Human Factors* 29(5): 497-517, 1986.

［5］Gould, J.D., and Grischkowsky, N. Does visual angle of a line of characters affect reading speed? *Human Factors* 28(2): 165-173, 1986.

［6］Jorna, G.C., and Snyder, H.L. Image quality determines differences in reading performance and perceived image quality with CRT and hard-copy displays. *Human Factors* 33(4): 459-469, 1991.

［7］Lachman, R. Comprehension aids for on-line reading of expository text. *Human Factors* 31(1): 1-15, 1989.

［8］Moseley, M.J., and Griffin, M.J. Effects of display vibration and whole-body vibration on visual performance. *Ergonomics* 29(8): 977-983, 1986.

［9］Seminar, J.L. Accuracy and speed of tactual reading: An exploratory study. *Ergonomics* 3(1): 62-67, 1960.

2.2.8 搜索时间

概述：搜索时间是用户从数据库中检索所需信息的时间长度。Lee 和 MacGregor
（1985）提供了以下定义。

$$St=r(at+k+c)$$

St = 搜索时间

r = 检索给定项目时访问的索引页总数

a = 每页备选方案的数量

t = 阅读一个备选方案所需的时间

k = 按键时间

c = 计算机反响时间

Matthews（1986）将搜索时间定义为被试者定位和指示目标位置的时间长度。

优势和局限性：搜索时间已被用于评估显示器、杂乱程度和任务时间。

显示：Fisher 等（1989）使用搜索时间来评估突出显示对视觉显示的影响。当目标突出显示的概率较低（0.25）而不是较高（0.75）时，搜索时间明显更长。这与 Monk（1976）的早期研究类似，在该研究中目标的不确定性使搜索时间增加了 9.5%。

在另一个显示研究中，Harpster 等（1989）报告称，使用低分辨率 / 可寻址率（RAR）的搜索时间明显长于使用高 RAR 或硬拷贝的搜索时间。Vartabedian（1971）报道了小写单词的搜索时间显著大于大写单词。Matthews 等（1989）报告了在黑色显示器上搜索绿色的时间（7.14 s）明显长于在黑色显示器上搜索红色的时间（71 s）。Hollands 等（2002）报告称，在 CRT 上搜索菱形形状的时间要比搜索正方形形状的时间长得多。然而，在液晶显示器（LCD）上没有区别。在 LCD 上搜索红色和蓝色符号的时间比搜索白色符号的时间长。CRT 则不受颜色影响。

Erickson（1964）报道了搜索时间和周边视力之间几乎没有显著相关性。目标形状和显示器中物体的数量之间存在显著的交互作用：当显示器中物体较少时，发现圆环的时间明显短于斑点（16 vs 48）。Siva 等（2014）使用搜索时间和设置尺寸计算搜索效率斜率，以评估 MIL STD 2525 中的标准化符号，他们报告了特征和独特性的显著影响。

杂乱程度：Brown 和 Monk（1975）报告称，随着非目标数量的增加和非目标位置的随机性的增加，视觉搜索时间延长。Matthews（1986）报道，如果先前实验的视觉负荷较高，则当前实验的搜索时间会显著增加。Nagy 和 Sanchez（1992）使用平均对数搜索时间来研究目标和干扰物之间亮度和色度差异的影响。结果表明，如果目标和干扰物之间的亮度差较小，则平均搜索时间随着干扰物的数量线性增加，但如果亮度差较大，则大致保持不变。

Bednall（1992）报道了间隔而非间隔目标、具有交替行而非交替行的目标以及插入空行的搜索时间更短。对所有大写字母与混合大小写字母没有影响。Lee 和 MacGregor（1985）报告称，他们的搜索时间模型是使用可视图文信息检索系统进行评估的。它在评估菜单设计决策时很有用。McIntire 等（2010）比较了静态或动态环境中，在有无 3D 听觉线索的 15 个假目标中定位单个视觉目标的时间。听觉线索在静态环境中减少了 22% 的搜索时间，在动态环境中减少 25% 的搜索时间。

任务时间：Lovasik 等（1989）报告称，视觉搜索任务前半小时的搜索时间明显长于剩余的三个半小时。

Carter 等（1986）报告称，对于这项任务，反应时比斜率更可靠。

数据要求：用户搜索时间可以应用于任何计算机化数据库，其中可以测量参数 a、c、k、r 和 t。

阈值：未说明。

原书参考文献

[1] Bednall, E.S. The effect of screen format on visual list search. *Ergonomics* 35(4): 369-383, 1992.

[2] Brown, B., and Monk, T.H. The effect of local target surround and whole background constraint on visual search times. *Human Factors* 17(1): 81-88, 1975.

[3] Carter, R.C., Krause, M., and Harbeson, M. M. Beware the reliability of slope scores for individuals. *Human Factors* 28(6): 673-683, 1986.

[4] Erickson, R.A. Relation between visual search time and peripheral visual acuity. *Human Factors* 6(2): 165-178, 1964.

[5] Fisher, D.L., Coury, B.G., Tengs, T.O., and Duffy, S.A. Minimizing the time to search visual displays: The role of highlighting. *Human Factors* 31(2): 167-182, 1989.

[6] Harpster, J.K., Freivalds, A., Shulman, G.L., and Leibowitz, H.W. Visual performance on CRT screens and hard-copy displays. *Human Factors* 31(3): 247-257, 1989.

[7] Hollands, J.G., Parker, H.A., McFadden, S., and Boothby, R. LCD versus CRT displays: A comparison of visua 1 search performance for colored symbols. *Human Factors* 44(2): 210-221, 2002.

[8] Lee, E., and MacGregor, J. Minimizing user search time in menu retrieval systems. *Human Factors* 27(2): 157-162, 1985.

[9] Lovasik, J.V., Matthews, M.L., and Kergoat, H. Neural, optical, and search performance in prolonged viewing of chromatic displays. *Human Factors* 31(3): 273-289, 1989.

[10] Matthews, M.L. The influence of visual workload history on visual performance. *Human Factors* 28(6): 623-632, 1986.

[11] Matthews, M.L., Lovasik, J.V., and Mertins, K. Visual performance and subjective discomfort in prolonged viewing of chromatic displays. *Human Factors* 31(3): 259-271, 1989.

[12] McIntire, J.P., Havig, P.R., Watamaniuk, S.N.J., and Gilkey, R.H. Visual search performance with 3-D auditory cues: Effects of motion, target location, and practice. *Human Factors* 52(1): 41-53, 2010.

[13] Monk, T.H. Target uncertainty in applied visual search. *Human Factors* 18(6): 607-612, 1976.

[14] Nag, A. L., and Sanchez, R.R. Chromaticity and luminance as coding dimensions in visual search. *Human Factors* 34(5): 601-614, 1992.

[15] Siva, N., Chaparro, A., and Palmer, E. Evaluation of MILSTD 2525 glyph features in a visual search paradigm. Proceedings of the Human Factors and Ergonomics Society 58th Annual Meeting, 1189-1193, 2014.

[16] Vartabedian, A.G. The effects of letter size, case, and generation method on CRT display search time. *Human Factors* 13(4): 363-368, 1971.

2.2.9　任务负荷

概述：任务负荷是执行任务所需的时间除以可用于执行任务的时间。值大于 1 表示任务负荷过大。

优势和局限性：任务负荷对飞行环境中的工作负荷很敏感。Geiselhart 等（1976）使用任务负荷来确定 4 种类型的加油任务之间的工作量差异。Geiselhart 等（1977）使用任务负荷来估计 kc-135 机组人员的工作量。使用这种方法，这些研究人员能够量化不同类型的任务和机组人员职位之间的任务负荷差异。Gunning 和 Manning（1980）计算了 3 名机组人员在空中加油期间在每项任务上花费的时间百分比。他们按机组人员职位划分报告了以下无任务量的百分比：飞行员为 5%；副驾驶为 45%；导航员为 65%。在起飞、空中加油和着陆期间，任务量很大。然而，Stone 等（1984）发现了任务负荷的 3 个问题："①它不考虑认知或心理活动；②它没有考虑与能力和经验或动态、适应性行为相关的变化；③它不能处理同时或连续的跟踪任务。"

数据要求：任务负荷法的使用要求：①被试者的清晰视觉和听觉记录；②确定任务开始和结束的客观测量标准。

阈值：未说明。

原书参考文献

［1］Geiselhart, R., Koeteeuw, R.I., and Schiffler, R.J. A Study of Task Loading Using a Four-Man Crew on a KC-135 Aircraft (Giant Boom) (ASD-TR-76-33). Wright-Patterson Air Force Base, OH: Aeronautical Systems Division, April 1977.

［2］Geiselhart, R., Schiffler, R.J., and Ivey, L. J. A Study of Task Loading Using a Three Man Crew on a KC-135 Aircrft (ASD-TR-76-19). Wright-Patterson Air Force Base, OH: Aeronautical Systems Division, October 1976.

［3］Gunning, D., and Manning, M. The measurement of aircrew task loading during operational flights. Proceedings of the Human Factors Society 24th Annual Meeting, 249-252, 1980.

［4］Stone, G., Gulick, R.K., and Gabriel, R. F. Use of Task/Timeline Analysis to Assess Crew Workload (Douglas Paper 7592). Longbeach: Douglas Aircraft Company, 1984.

2.2.10　完成时间

概述：完成时间是从被试者的第一次输入到最后一次反应的持续时间（Casali 等，1990）。

优势和局限性：完成时间已被广泛用于评估显示器、控制器、自动化、操作条件、群体特征、任务类型和培训类型。

显示器：对于无人系统，Massimino 和 Sheridan（1994）报告称，在远程操作过程中，直接观看和视频观看之间的任务时间没有差异。Chen 等（2010）报告称，2D 和 3D 显示器之间机器人远程操作的完成时间没有显著差异。Hollands 和 Lamb（2011）在一项类似的研究中报告称，在外置型显示器中的导航时间明显长于内置型显示器。在医学应用中，Sublette 等（2010）也报道了微创手术的 2D 和 3D 显示器之间没有显著差异。

Matheson 等（2013）报告称，在使用预告显示器完成远程操作的时间上有了显著改进。

在另一项不寻常的研究中，Luz 等（2010）和 Manzey 等（2011）利用完成模拟乳突切除术的时间来评估手术期间图像引导导航的有效性。他们报告称，与图像系统相比，外科学生手动完成手术所需的时间要少得多。在一项航空研究中，Milner 等（2017）比较了使用纸质或电子图表回答与仪表进近相关问题的时间。27 名飞行员使用电子海图回答的速度明显更快。

控制器：Billings 和 Durlach（2009）报告称，使用游戏控制器代替鼠标可以更快地完成任务。该研究中被控制的飞行器是一架微型无人机。Song 等（2011）报告称，第二次实验的文本输入完成时间明显快于第一次实验。使用双手输入文本比单独使用右手或左手输入文本更快。

自动化：Adelman 等（1993）利用完成一项飞机识别任务的时间来评估专家系统的接口和能力。他们报告称，与使用超控界面检查飞机相比，操作人员使用安检需要更长的时间。在一项无人系统研究中，Prinetl 等（2012）报告称，与手动模式相比，完全自动化的无人机任务重新规划的完成速度要快得多。在故障识别任务中，Manzey 等（2009）报告称，当自动决策辅助工具可用时，任务完成时间比不可用时更短。

操作条件：在一项航空维修实验中，Warren 等（2013）报告称，航空维修技术人员在有时间压力的情况下能更快地完成任务。在一项编辑任务中，Brand 和 Judd（1993）报告了编辑时间与硬拷贝角度的显著差异（30° 为 316.75 s，0° 为 325.03 s，90° 为 371.92 s）。在一项决策任务中，Shattuck 等（2009）报道了对于模糊和缺失信息场景的时间明显长于冲突信息场景。

Frankish 和 Noyes（1990）使用数据输入速率来评估数据反馈技术。他们报告称，视觉呈现和视觉反馈的速率明显高于口头反馈。在一项普通的任务中,Weber 等(2013)报告称,完成电子邮件分类任务（垃圾邮件与非垃圾邮件）的时间明显更快,系统响应时间变化较小。

群体特征:Casali 等（1990）报道了语音识别系统准确性和可用词汇的显著影响以及交互作用,但没有显著的年龄效应。在一项不寻常的研究中,Trouweline 和 O'Neal（1981）报告称,完成一项有趣任务的主观时间比无聊的任务更短,但只适用于感兴趣的被试者。对于不感兴趣的被试者,两种类型的任务在时间估计方面没有显著差异。

4 项针对个体差异的研究: ① Hartley 等（1987）使用完成时间来评估月经周期的影响。排卵期涉及复杂句子的言语推理时间比月经期和月经前慢。② Richter 和 Salvendy（1995）报告称,内向的计算机程序用户使用被认为内向的界面比使用被认为外向的界面表现得更快。③ Best 等（1996）报告称,在视觉检查任务之前,近暗辐辏的人比远暗辐辏的人表现得快得多。他们的被试者是 38 名大学生,平均年龄 20.6 岁。④ Lee 等（2010）报告称,年龄较大的被试者（ > 55 岁）比年龄较小的被试者（ < 55 岁）完成地图搜索任务的时间更长。

任务类型:Burger 等（1970）使用专家来估计执行任务所需的时间,然后根据实际时间对估计值进行测试。尽管估计值与实际时间之间的相关性很高（+0.98）,但最低执行时间的估计值高于实际时间,并且专家之间的差异很大。任务包括拨动开关、将旋转开关转到指定值、按下拨动开关、观察和记录数据以及调整表盘。在一项非常复杂的任务中,即在核电站中模拟清除警报,Thornburg 等（2012）报告了任务完成时间是警报开始时间的重要函数。

训练类型:Abidi 等（2012）利用完成汽车挡泥板装配的时间来评估 3 种类型的训练系统（传统工程、计算机辅助设计环境和沉浸式虚拟现实）的有效性。传统工程训练的完成时间明显长于其他两种方法。

完成时间提供了任务差异的测量标准,但可能会以牺牲准确性为代价。

数据要求:必须明确任务的开始和结束。

阈值:最短时间为 30 ms。

原书参考文献

[1] Abidi, M.H., Ahmad, A., El-Tamini, A.M., and Al-Ahmari, A.M. Development and evaluation of a virtual assembly trainer. Proceedings of the Human Factors and Ergonomics Society 56th Annual

Meeting, 2560-2564, 2012.

［2］Adelman, L., Cohen, M.S., Bresnick, T.A., Chinnis, J.O., and Laskey, K.B. Real-time expert system interfaces, cognitive processes, and task performance: An empirical assessment. *Human Factors* 35(2): 243-261, 1993.

［3］Best, P.S., Littleton, M.H., Gramopadhye, A.K., and Tyrrell, R.A. Relations between individual differences in oculomotor resting states and visual inspection performance. *Human Factors* 39(1): 35-40, 1996.

［4］Billings, D.R., and Durlach, P.J. Mission completion time is sensitive to teleoperation performance during simulated reconnaissance missions with a micro-unmanned aerial vehicle. Proceedings of the Human Factors and Ergonomics Society 53rd Annual Meeting, 1408-1412, 2009.

［5］Brand, J.L., and Judd, K. Angle of hard copy and text-editing performance. *Human Factors* 35(1): 57- 70, 1993.

［6］Burger, W.J., Knowles, W.B., and Wulfeck, J.W. Validity of expert judgments of performance time. *Human Factors* 12(5): 503-510, 1970.

［7］Casali, S.P., Williges, B.H., and Dryden, R.D. Effects of recognition accuracy and vocabulary size of a speech recognition system on task performance and user acceptance. *Human Factors* 32(2): 183-196, 1990.

［8］Chen, J.Y.C., Oden, R.N.V., Kenny, C., and Merritt, J.O. Stereoscopic displays for robot teleoperation and simulated driving. Proceedings of the Human Factors and Ergonomics Society 54th Annual Meeting, 1488-1492, 2010.

［9］Frankish, C., and Noyes, J. Sources of human error in data entry tasks using speech input. *Human Factors* 32(6): 697-716, 1990.

［10］Hartley, L.R., Lyons, D., and Dunne, M. Memory and menstrual cycle. *Ergonomics* 30(1): 111-120, 1987.

［11］Hollands, J.G., and Lamb, M. Viewpoint tethering for remotely operated vehicles: Effects on complex terrain navigation and spatial awareness. *Human Factors* 53(2): 154-167, 2011.

［12］Lee, D., Jeong, C., and Chung, M.K. Effects of user age and zoomable user interfaces on information searching tasks in a map-type space. Proceedings of the Human Factors and Ergonomics Society 54th Annual Meeting, 571-575, 2010.

［13］Luz, M., Mueller, S., Strauss, G., Dietz, A, Meixenberger, J., and Manzey, D. Automation in surgery: The impact of navigation-control assistance on the performance, workload and situation awareness of surgeons. Proceedings of the Human Factors and Ergonomics Society 54th Annual Meeting, 889-893, 2010.

［14］Manzey, D., Luz, M., Mueller., S., Dietz, A., Meixenberger, J., and Strauss, G. Automation in surgery: The impact of navigation-control assistance on performance, workload, situation awareness, and acquisition of surgical skills. *Human Factors* 53(6): 584-599, 2011.

［15］Manzey, D., Reichenbach, J., and Onnasch, L. Human performance consequences of automated decisions aids in states of fatigue. Proceedings of the Human Factors and Ergonomics Society 53rd Annual Meeting, 329-333, 2009.

［16］Massimino, J.J., and Sheridan, T.B. Teleoperator performance with varying force and visual feedback. *Human Factors* 36(1): 145-157, 1994.

［17］Matheson, A., Donmez, B., Rehmatullah, F., Jasiobedzki, P., Ng, H., Panwar, V., and Li, M. The effects of predictive displays on performance in driving tasks with multi-second latency: Aiding tele-operation of lunar rovers. Proceedings of the Human Factors and Ergonomics Society 57th Annual Meeting, 21-25, 2013.

［18］Milner, M., Bush, D., Marte, D., Rice, S., Winter, S., Adkins, E., Roccasecca, A., and Tamilselvan, G. The effect of chart type on pilots' response time. Proceedings of the Human Factors and Ergonomics Society Annual Meeting, 1365-1368, 2017.

［19］Prinet, J.C., Terhune, A., and Sarter, N.B. Supporting dynamic re-planning in multiple UAV control: A comparison of 3 levels of automation. Proceedings of the Human Factors and Ergonomics Society 56th Annual Meeting, 423-427, 2012.

［20］Richter, L.A., and Salvendy, G. Effects of personality and task strength on performance in computerized tasks. *Ergonomics* 38(2): 281-291, 1995.

［21］Shattuck, L.G., Lewis Miller, N., and Kemmerer, K.E. Tactical decision making under conditions of uncertainty: An empirical study. Proceedings of the Human Factors and Ergonomics Society 53rd Annual Meeting, 242-246, 2009.

［22］Song, J., Ryu, T., Bahn, S., and Yun, M.H. Performance analysis of text entry with preferred one hand using smartphone touch keyboard. Proceedings of the Human Factors and Ergonomics Society 55th Annual Meeting, 1289-1292, 2011.

［23］Sublette, M., Carswell, C.M., Han, Q., Grant, R., Lio, C.H., Lee, G., Field, M., Staley, D., Seales, W.B., and Clarke, D. Dual-view displays for minimally invasive surgery: Does the addition of a 3-D global view decrease mental workload? Proceedings of the Human Factors and Ergonomics Society 54th Annual Meeting, 1581-1585, 2010.

［24］Thornburg, K.M., Peterse, H.P.M., and Liu, AM. Operator performance in long duration control operations switching from low to high task load. Proceedings of the Human Factors and Ergonomics Society 56th Annual Meeting, 2002- 2005, 2012.

［25］Troutwine, R., and O'Neal, E.C. Volition, performance of a boring task and time estimation. *Perceptual and Motor Skills* 52:865-866,1981.

［26］Warren, W.R., Blickensderfer, B., Cruit, J., and Boquet, A. Shift turnover strategy and time in aviation maintenance. Proceedings of the Human Factors and Ergonomics Society 57th Annual Meeting,46-50,2013.

［27］Weber, F., Haering, C., and Thomaschke, R. Improving the human-computer dialog with increased temporal predictability. *Human Factors* 55 (5): 881-892,2013.

2.3 成套测验

第三类是"成套测验"，即由两个或多个系列或平行任务组成的测验集合，旨在评估各种能力或效果。这些测验假设人类能力在不同任务类型下会有所差异，或受到不同自变量的影响。例如，AGARD 环境应激源研究标准化（STRES）成套测验（2.3.1节）、武装部队职业资格测验（2.3.2 节）、Deutsch 和 Malmborg（1982）测量工具矩阵（2.3.3 节）、环境绩效评价测验（PETER）（2.3.4 节）、工作和疲劳测试成套测验（2.3.5 节）以及美国三军统一认知绩效评估测验（UTCPAB）（2.3.6 节）。

2.3.1 AGARD 环境应激源研究标准化成套测验

概述：AGARD 环境应激源研究标准化（STRES）成套测验由以下 7 个测验组成：①反应时间测验；②数学处理测验；③记忆搜索测验；④空间处理测验；⑤不稳定跟踪测验；⑥语法推理测验；⑦测试③和测试⑤的双重任务测验。

优势和局限性：根据以下标准，选择 STRES 成套测验中的测验项目：①初步证据已支持其可靠性、有效性和敏感性；②用于评估一系列压力源效应的历史纪录；③测验时间短（每个试次时间最长 3 min）；④不依赖于语言；⑤基于人因绩效理论（HPT）的良好基础；⑥能够在简单且易于获取的计算机系统上实施（AGARD，1989）。

数据需求：每个 STRES 成套测验均已编制好程序，供计算机管理。如上所述，呈现顺序均已固定。使用标准化指令以及标准化数据文件格式。测验刺激必须在深色背景上以白色呈现。摇杆必须具有 30° 的横向移动范围，摩擦力不大于 50 g，角度旋转与横向移动之间存在线性关系，并具有 8 位分辨率。

阈值：未说明。

原书参考文献

AGARD. *Human Performance Assessment Methods* AGARD-AG-308. Neuily-sur-seine, France: AGARD, June 1989.

2.3.2 武装部队职业资格测验

概述："武装部队职业资格测验"能够测量个体在机械和数学方面的能力。测试分数可用于指导将陆军新兵分安置适合他们的军事职业专业。

优势和局限性：为减少由于安置不当导致的减员，需要补充职业能力倾向测验。除此之外，结果还会受到"可替代性补偿原则"的影响。该原则指出，"一个领域的相对高水平能力可以弥补另一个领域的低水平能力，使观察到的绩效等于两个预测变量指标的线性组合所预测的结果"（Uhlaner，1972）。

数据要求：在评估测验分数时，应考虑认知—非认知差异。

阈值：未说明。

原书参考文献

Uhlaner, J. E. Human performance effectiveness and the systems measurement bed. *Journal of Applied Psychology* 56 (3): 202-210, 1972.

2.3.3　Deutsch 和 Malmborg 测量工具矩阵

概述："测量工具矩阵"包括沿垂直轴排列工作人员必须完成的活动，以及沿水平轴呈现的用于评估这些活动的绩效指标。在适合于测量某个活动的指标，相应单元格中标注为"1"，否则标注为"0"。

优势和局限性：这种方法可以应对工作人员所执行活动的复杂性和交互性。已经被广泛运用于评估信息的超负荷对决策效果的影响。在分析测量工具矩阵时，可以结合目标矩阵进行综合分析。目标矩阵将一组活动列在横坐标上，并将一组目标列在纵坐标上。这种方法可以提供更全面的视角来评估活动与目标之间的关系。

数据要求：所执行每项活动都需要可靠和有效指标。

阈值："0"为下限；"1"为上限。

原书参考文献

Deutsch, S J, and Malmborg, C. J. The design of organizational performance mea-sures for human decision making, Part 1: Description of the design methodol-ogy. IEEE Transactions on Systems, Man, and Cybernetics SMC-12 (3): 344-352, 1982.

2.3.4　环境绩效评价测验

总体描述：环境绩效评价（PETER）成套测验由 26 个测验项目组成，包括以下内容。①瞄准；②算术；③联想记忆；④ Atari 空战机动；⑤ Atari 防空；⑥选择反应时：1 个选项；⑦选择反应时：4 个选项；⑧代码替换；⑨规则内灵活性；⑩语法推理；⑪图形和语音分析；⑫字母分类（名称）；⑬字母分类（类别）；⑭人像；⑮明尼苏达操作速度；⑯模式比较测验；⑰知觉速度；⑱寻找散文中的笔误；⑲交谈控制；⑳斯滕伯格项目识别：1 组正样本；㉑斯滕伯格项目识别：4 组正样本；

㉒ Stroop；㉓关键追踪；㉔双重关键追踪；㉕视觉对比度敏感性；㉖词汇流畅度（Kennedy，1985）。其中测验选择过程的详细描述详见 Carter 等（1980a）工作。单个测验可参见 Kennedy 等（1980）提供的表格摘要。

优势和局限性：我们根据以下标准选择了适用于 PETER 成套测验的项目：①测验执行时间；②总稳定时间；③可靠性。Kennedy 和 Bittner（1978）对 19 名海军士兵进行了为期 15 天的 10 项任务绩效测验。结果显示，有八项任务表现出了显著的学习效应（包括语法推理、代码替换、Stroop、算术、Neisser 字母搜索、关键跟踪任务、临界值以下的二维补偿跟踪和交谈测验），其他两项任务则没有表现出显著学习效应（时间估计和复杂计数），但有两项任务（时间估计和 Stroop）的可靠性较低。在另外一项关于时间估计和跟踪的研究中，Bohnen 和 Gaillard（1994）报告称时间估计不受睡眠不足的影响，而跟踪则会受到睡眠不足的影响。Seales 等（1979）报告称，在进行了为期 15 天的测试后，18 名作为被试者的海军士兵在纸笔算术测验上的绩效保持稳定，并且具有恒定差异性。McCauley 等（1979）研究了时间估计的表现。他们的被试者为 19 名海军士兵，在 15 天的时间内每天进行 40 次测验。结果显示，这些被试者的绩效在时间推移中没有显著差异。McAfferty 等（1980）报告称，在进行了为期 12 天的测试后，被试者（9 名海军士兵）在听觉数字跨度向前任务方面的绩效保持稳定，并且方差没有显著差异。Guignard 等（1980）报告称，在进行了为期 12 天的 C 字视力表测试后，被试者（8 名海军士兵）的读取速度和误差测量结果不稳定。Carter 等（1980b）报告称，在进行了为期 15 天的实验后，被试者（21 名海军士兵）在斯滕伯格任务的响应时间保持稳定。然而，斜率随时间会发生变化。Harbeson 等（1980）报告称，在为期 15 天的连续测验中，被试者（23 名海军士兵）在干扰易感性和自由回忆两项测验的结果符合纳入系列测验的可靠性标准，而被试者在另外两项记忆测验（运行识别和列表区分）的结果则没有足够的可靠性。

在实验室和海上对单个测验绩效进行了比较，例如导航绘图（Wiker 等，1983），竖式加法、语法推理、知觉速度、规则内灵活性（Bittner，1983）在实验室和海上进行了比较。除此之外，Bittner 等（1984）总结了所有可能纳入 PETER 的 112 项测验研究结果，将每个任务归入以下类别之一：优秀，良好但有冗余，有缺陷，以及糟糕。

数据要求：每项 PETER 测试均已编程，适合由 NEC PC 8201A 执行。

阈值：未说明。

原书参考文献

［1］Bittner, A. C., Carter, R. C., Kennedy, R. S., Harbeson, M. M.and Krause, M.Performance Evaluation Tests for Environmental Research (PETER): The good, bad, and ugly. Proceedings of the Human Factors Society 28th Annual Meeting, vol. 1, 11-15,1984.

［2］Bittner,A.C.,Carter,R.C.,Krause,M.,Kennedy,R.S.,and Harbeson,M.M.Performance Evaluation Tests for Environmental Research (PETER): Moran and computer batteries.*Aviation,Space,and Environmental Medicine* 54 (10): 923-928,1983.

［3］Bohnen,H.G.M.,and Gaillard,A.W.K.The effects of sleep loss in a combined tracking and time estimation task.*Ergonomics* 37 (6): 1021-1030,1994.

［4］Carter,R.C.,Kennedy,R.S.,and Bittner,A.C.Selection of Performance Evaluation Test for Environmental Research.Proceedings of the Human Factors Society 24th Annual Meeting,320-324,1980a.

［5］Carter,R.C,Kennedy,R.S,Bittner,A.C,and Krause,M.Item recognition as a Performance Evaluation Test for Environmental Research. Proceedings of the Human Factors Society 24th Annual Meeting,340-343,1980b.

［6］Guignard,J.C.,Bittner,A.C.,Einbender, S.W., and Kennedy, R.S. Performance Evaluation Tests for Environmental Research (PETER): Landolt C reading test. Proceedings of the Human Factors Society 24th Annual Meeting,335-339,1980.

［7］Harbeson,M.M.Krause,M.,and Kennedy, R.S. Comparison of memory tests for environmental research. Proceedings of the Human Factors Society 24th Annual Meeting,349-353,1980.

［8］Kennedy, R.S.*A Portable Battery for Objective,Non-obtrusive Measures of Human Performance (NASA-CR-171868)*. Pasadena, CA:Jet Propulsion Laboratory,1985.

［9］Kennedy,R.S., and Bittner, A.C.Progress inthe analysis of a Performance Evaluation Test for Environmental Research (PETER). Proceedings of the Human Factors Society 22nd Annual Meeting,29-35,1978.

［10］Kennedy,R.S.,Carter,R.C.,and Bittner,A.C.A catalogue of Performance Evaluation Tests for Environmental Research.Proceedings of the Human Factors Society 24th Annual Meeting,344-348,1980.

［11］McCafferty,D.B.,Bittner,A.C.,and Carter,R.C.Performance Evaluation Test for Environmental Research (PETER): Auditory digit span. Procdings of the Human Factors Society 24th Annual Meeting,330-334,1980.

［12］McCauley, M.E., Kennedy, R.S., and Bittner, R.S. Development of Performance Evaluation Tests for Environmental Research (PETER): Time estimation test. Proceedings of the Human Factors Society 23rd Annual Meeting,513-517,1979.

［13］Seales, D.M. Kennedy, R.S., and Bittner, A.C. Development of Performance Evaluation Test for Environmental Research (PETER): Arithmeticcomputation. Proceedings of the Human Factors Sooiety 23rd Annual Meeting,508-512,1979.

［14］Wiker,S.F.,Kennedy,R.S.,and Pepper,R.L.Development of Performance Evaluation Tests for Environmental Research (PETER): Navigation plotting.*Aviation,Space, and Environmental Medicine* 54 (2): 144-149,1983.

2.3.5　工作和疲劳测试成套测验

概述：模拟工作和疲劳测试成套测验是由美国国家职业安全卫生研究所（National Institute for Occupational Safety and Health，NIOSH）开发，用于评估疲劳对工作的影响。模拟工作是一个数据录入任务。疲劳测验包括 11 个任务，分别是：①语法推理测验；②数字加法测验；③时间估计测验；④听觉简单反应时（RT）测验；⑤选择反应时测验；⑥二点听觉辨别测验；⑦反应交替表现（敲击测验）；⑧手部动作稳定性测验；⑨斯坦福嗜睡量表；⑩神经精神研究中心（NPRU）情绪量表形容词清单；⑪口腔温度测量。其中，语法推理和简单反应时两项任务也可以采用双任务模式开展。

优势和局限性：模拟工作和疲劳成套测验具有便携、简短且易于管理的优点，几乎不需要对被试者进行培训。Rosa 和 Colligan（1988）使用该成套测验来评估疲劳对绩效的影响。结果显示，除了数据录入、时间估计和二点听觉辨别任务外，其他所有任务都显示出明显的疲劳效应。

数据要求：微型计算机提供所有任务刺激记录和数据，并对所有任务进行评分。

阈值：未说明。

原书参考文献

Rosa,R.R.,and Colligan,M.J.Long workdays versus rest days: Assessing fatigue and alertness with a portable performance battery. *Human Factors* 30 (3): 305-317, 1988.

2.3.6　美国三军统一认知绩效评估测验

概述：美国三军统一认知绩效评估测验（UTCPAB）包含以下 25 个测验项目。①语言处理测验；②语法推理（传统）测验；③语法推理（符号）测验；④两列求和测验；⑤数学处理测验；⑥连续识别测验；⑦四选项连续 RT 测验；⑧字母 - 数字视觉警觉测验；⑨记忆搜索测验；⑩空间处理测验；⑪矩阵旋转测验；⑫人像测验；⑬模式比较（同时）测验；⑭模式比较（连续）测验；⑮视觉扫描测验；⑯代码替换测验；⑰目视概率监测测验；⑱时间墙测验；⑲间隔产生测验；⑳ Stroop 测验；㉑双耳分听测验；㉒不稳定跟踪测验；㉓斯滕伯格跟踪组合测验；㉔样本匹配测验；㉕项目顺序测验。

优势和局限性：我们根据以下标准选择了适用于 UTCPAB 成套测验的测验。①已在至少一个国防部实验室中使用；②已证明有效；③与军事绩效相关；④对恶劣环境和持续作战敏感（Perez 等，1987）。

UTCPAB 存在一种仅包含 9 项任务的简化版本，即"Walter Reed 绩效评估成套测验"，该版本被用来评估海拔高度的影响。Crowley 等（1992）使用该简化版本发现，海拔会对以下 3 项任务产生显著负面影响：代码替换测验、Stroop 测验和逻辑推理测验。

除此之外，Cheren 等（1993）使用另外一个 UTCPAB 简化版本发现，苯妥英钠血清（运动病治疗）水平不会对标准任务集（其中包括概率监控测验、不稳定跟踪测验、连续回忆测验、语法推理测验、语言处理测验、数学处理测验、记忆搜索测验、空间处理测验和间隔产生测验）中的任何测验绩效产生显著影响。

Rogers 等（1989）使用了同样的方法选择测验任务，用于评估 1 h 午睡时间和咖啡因对绩效的影响。所选的测验任务包括持续性注意测验、听觉警觉和跟踪测验、复杂警戒测验、两字母划销测验、数字符号替换测验、逻辑性测验、短时记忆测验和视觉警觉测验。结果显示，1 h 午睡时间和咖啡因对被试者的持续性注意、听觉警觉和跟踪、视觉警觉和复杂警觉产生显著影响，但对短时记忆没有显著影响。

除此之外，Stokes 等（1994）通过使用另一个成套测验"便携式航空成套测验和答题评分系统（SPARTANS）"发现，阿斯巴甜代糖并不会对被试者相关绩效产生显著影响。SPARTANS 所选测验项目包括迷宫跟踪测验、隐藏图形识别测验、隐藏图形旋转测验、视觉数字测验、调度测验、斯滕伯格测验、第一顺序轨迹追踪测验、斯滕伯格和跟踪双重任务测验、雷区测验和 Stroop 测验。

在另一个任务集中，Paul 和 Fraser（1994）报告称，轻度急性低氧对个体学习新任务的能力没有影响。在该研究中，相关的测验任务包括人像测验、选择反应时测验和逻辑推理测验。事实上，前两项任务的绩效随着时间的推移而改善。在另一个任务集中（包括简单 RT 测验、四选项 RT 测验、跟踪测验、视觉搜索测验和视觉模拟系列测验），Cherry 等（1983）报告称，随着酒精水平的升高，被试者在跟踪和视觉搜索任务上的绩效下降。不过，研究发现，甲苯作为一种橡胶溶剂不会对任何任务产生影响。

在另外一组任务中，Beh 和 McLaughlin（1991）针对"去同步化"对航空机组人员的影响进行了调查。这些测验任务包括语法推理测验、横向加法测验、纵向加法测验、字母划销测验和卡片分类测验。结果显示，"去同步化"对错误数量没有显著影响。然而，对照组在语法推理测验和纵向加法测验上的项目完成数量要多于"去同步化组"。在横向加法测验和卡片分类测验中，组间存在显著的交互作用。

Rosa 和 Bonnet（1993）采用一套稍有差异的测验任务，以评估 8 h 轮班策略和 12 h 轮班策略对个体绩效的影响。该套测验任务包括心算、语法推理和听觉 RT 双重任务、听觉简单 RT 测验和手部动作稳定性测验。结果显示，在心算测验方面，接受 8 h 轮班策略的被试者答案最为正确，24 h 轮班策略下的错误最少。而在语法推理测验方面，结果显示，8 h 轮班下第一天的 RT 显著长于 12 h 轮班的第 4 天。并且与 8 h 轮班相比，12 h 轮班的错误率也高出 9%。在 24：00 时双重 RT 最快。就简单 RT 错误率而言，第 4 天（即 12 h 轮班的第一天）的错误率明显高于任何 8 h 轮班（白天、晚上或夜晚）。在为期五天的测试中，被试者的手部动作稳定性每天提高 0.5%。

Kennedy 等（1993）在自动化绩效测试系统（APTS）中进行了另一个测试，结果显示在 9 个测验中有 8 个测验显示出了酒精的显著影响（血液酒精浓度高达 0.15%）。这些测验项目包括惯用手敲击测验、非惯用手敲击测验、语法推理测验、数学处理测验、代码替换测验、模式比较测验、人像测验、短时记忆测验和四选项 RT 测验。值得注意的是，语法推理测验并未显示出酒精的显著影响。Kennedy 等（1996）比较了 APTS 和其后继系统 Delta，结果显示两个系统之间的硬件或软件差异基本不会对任务绩效产生影响。

1993 年，Salame 指出了"AGARD 环境应激源研究标准化测试（STRES）成套测验"中的语法推理测验存在一个重大缺陷。这个缺陷体现在答案的模式上：如果只有一个匹配项，那么答案总是"相同"，而如果没有或有两个以上的匹配项，则答案总是"不同"。

1994 年，Bonnet 和 Arand 采用加法测验、警觉性测验和逻辑推理测验任务来评估午睡和咖啡因的影响。研究人员得出结论，无睡眠周期的 24 h 内，午睡和咖啡因能够让被试者（18 ~ 30 岁男性个体）绩效接近基线水平。

Porcu 等（1998）在工作 – 休息周期变化对任务绩效影响的研究中，证明了成套测验的实用性。他们报告称，工作 – 休息周期变化并不会对数字符号替换测验任务和 Deux Barrages 任务（一种需要在相似符号中标记两个目标符号的纸笔测验任务）的绩效产生影响，但其会导致个体在字母划销测验的绩效显著下降。

数据要求：每个 UTCPAB 测验都已针对计算机管理进行编程，并使用标准化说明以及标准化数据文件格式。

阈值：未说明。

原书参考文献

［1］Beh, H. C., and McLaughlin, PJ.Mentalperformance of air crew following layovers on transzonal flights.*Ergonomics* 34 (2): 123-135,1991.

［2］Bonnet,M.H.,and Arand,D.L.The use of prophylactic naps and caffeine to maintain performance during a continuous operation.*Ergonomics* 37 (6): 1009-1020,1994.

［3］Chelen, W., Ahmed, N., Kabrisky, M., and Rogers, S. Computerized task battery assessment of cognitive and performance effects of acute phenytoin motion sickness therapy.*Aviation,Space,and Environmental Medicine* 64 (3), 201-205,1993.

［4］Cherry,N.,Johnston,J.D.,Venables,H.,and Waldron,H.A.The effects of toluene and alcohol on psychomotor performance.*Ergonomics* 26 (11): 1081-1087,1983.

［5］Crowley,J.S,Wesensten,N,Kamimori,G.,Devine,J,Iwanyk,E.,and Balkin,T. *Aviation,Space,and Environmental Medicine* 63 (8) ,696-701,1992.

［6］Kennedy,R.S.,Dunlap,W.P,Ritters,A.D., and Chavez,L.M. Comparison of a performance test battery implements ondifferent hardware and software: APTS versus DELTA.*Ergonomics* 39 (8): 1005-1016,1996.

［7］Kennedy,R.S.,Turnage,J.J.,Wilkes,R.L.,and Dunlap, W.P.Effects of graded dosages of alcohol on nine computerized repeated-measures tests. *Ergonomics* 36 (10): 1195-1222,1993.

［8］Paul,M.A.,and Fraser,W.D.Performanceduring mild acute hypoxia. *Aviation,Space, and Environmental Medicine* 65 (10) ,891-899,1994.

［9］Perez,W.A.,Masline,P.J.,Ramsey,E.G.,and Urban,K.E.*Unified Tri-services Cognitive Performance Assessment Battery:Reviewand Methodology (AAMRL-TR-87-007)*. Wright-Patterson Air Force Base,OH:Armstrong Aerospace Medical Research Laboratory,March 1987.

［10］Porcu,S.,Bellatreccia,A.,Ferrara,M.,andCasagrande,M.Sleepiness,alertness and performance during a laboratory simulation of an acute shift of the wake-sleep cycle.*Ergonomics* 41 (8): 1192-1262,1998.

［11］Rogers,A.S.,Spencer,M.B.,Stone,B.M.,and Nicholson, A.N.The influence of a 1h nap on performance overnight.*Ergonomics* 32 (10): 1193-1205,1989.

［12］Rosa,R.R.,and Bonnet,M.H.Performance and alertness on 8 h and 12 h rotating shifts at a natural gas utility.*Ergonomics* 36 (10): 1177-1193,1993.

［13］Salame,P.The AGARD grammatical reasoning task: A defect and proposed solutions.*Ergonomics* 36 (12): 1457-1464,1993.

［14］Stokes,A.F.,Belger,A.,Banich,M.T.,and Bernadine,E.Effects of alcohol and chronic aspartame ingestion upon performance in aviation relevant cognitive tasks. *Aviation,Space,and Environmental Medicine* 65,7-15,1994.

2.4　特定领域绩效测量

人因绩效测量的第 4 类是特定领域绩效测量，用于评估个体在执行一系列相关任务方面的能力。这些测量假设能力和影响因素在任务的不同部分或在使用不同的控制系统时会有所变化。此类测量的示例包括飞机参数（2.4.1 节）、空中交通管制任务绩效测量（2.4.2 节）、Boyett 和 Conn 白领任务绩效测量（2.4.3 节）、Charlton 空间控制系统人因绩效测量（2.4.4 节）、驾驶参数（2.4.5 节）、伊士曼柯达公司任务处理测量（2.4.6 节）以及 Haworth-Newman 航电显示易读性量表（2.4.7 节）。

2.4.1　飞机参数

概述: 机组人员绩效通常根据飞机状态参数的描述进行估计。这些参数包括空速、高度、倾斜角、下降速率、下滑道坡度、定向器偏离角、俯仰速率、横滚速率和偏航速率。通过这些参数，可以得出均方根值，最小值和最大值，两个或多个参数之间的相关性，以及实际值和指定值之间的偏差等度量值。

优势和局限性: 一个通用度量标准是错误数量。例如，Hardy 和 Parasuraman（1997）根据飞行员各项活动制订了一个错误列表（表 2.1）。McGarry 和 Stelzer（2011）使用"错误"来调查在低能见度条件下飞机滑行时同时使用跑道进入灯（REL）和地面活动引导控制系统（SMGCS）制动杆的情况。他们报告称，所有受过培训的飞行员均成功停车，而未受过培训的飞行员中有一个未能成功停车。

表 2.1　事故报告、关键事件和飞行检查中错误发生的频率及
商业航空公司飞行员工作绩效中各项活动情况

各项活动	错误发生频率			
	意外事故	事件	飞行检查	合计
建立和保持进场时滑翔角、下降率和滑行速度	47	41	11	99
操作控制和开关	15	44	33	92
导航和定位	4	39	19	62
保持安全的空速和姿态，从失速和旋转中恢复	11	28	18	57
遵循仪表飞行程序并遵守仪表飞行规定	5	27	13	45
执行驾驶舱程序和例行程序	7	31	4	42
在进场或起飞爬升时确立和保持与跑道的对齐	3	31	5	39
注意、保持警惕、持续观察	14	23	1	38

续表

各项活动	错误发生频率			
	意外事故	事件	飞行检查	合计
利用和应用必要的飞行员信息	0	19	18	37
阅读、检查和观察设备、刻度盘和仪表	1	26	7	34
准备和规划飞行	2	27	3	32
判断着陆方式或从失败或不良着陆中恢复	1	23	8	32
在着陆时控制滑行角度	1	25	5	31
获取并利用来自空管人员的指示和信息	3	21	0	24
以有组织的方式应对异常或紧急情况	0	17	7	24
在地面上安全操作飞机	7	15	1	23
精确和准确地飞行	0	7	15	22
操作和处理无线电设备	0	7	10	17
平稳、协调地操作控制器	0	6	8	14
防止飞机受到过大压力	0	5	7	12
采取安全预防措施	2	5	4	11

注：摘自 Hardy,D.J.,and Parasuraman,R.Cognition and flight performance in older pilots.Journal of Experimental Psychology 3 (4):313-348,1997.

　　并非所有的通用飞机参数都对非飞行压力源敏感。例如，Wierwille 等（1985）报道称，在一个初级模拟飞行任务中，俯仰和翻滚的高通均方分数都不会受到解决数学问题的次要任务难度变化的影响。

　　除此之外，研究人员考察了对飞行阶段(起飞、爬升、巡航、进近和着陆)和任务(空战、悬停、标准转弯)敏感的飞行参数，还采用了控制输入活动以及综合评分测量。在一项非同寻常的研究中，Casto 和 Casali（2010）评估了对非听力豁免或听力豁免的被试者。另外，研究人员还通过改变能见度、机动次数和通信过程中呈现的信息量来控制工作负荷。结果显示，随着工作负荷的增加，航向、高度和空速的偏差增大，空中交通管制的指令重复请求次数增加。

原书参考文献

[1] Casto,K.L.,and Casali,J.G.Effect of communications headset, hearing ability, flight workload, and communications signal quality on pilot performance in an Army Black Hawk helicopter simulator.

Proceedings of the Human Factors and Ergonomics Society 54th Annual Meeting,80-84,2010.

［2］Hardy,D.J.,and Parasuraman,R.Cognition and flight performance in older pilots *Journal of Experimental Psychology* 3 (4): 313-348,1997.

［3］McGarry,K.,and Stelzer,E.An assessment of pilots' concurrent use of runway entrance lights and surface movement control system guidance system stop bars. Proceedings of the Human Factors and Ergonomics Society 55th Annual Meeting, 31-35, 2011.

［4］Wierwille, W.W.,Rahimi, M., and Casali, J.G. Evaluation of 16 measures of mental workload using a simulated flighttask emphasizing mediational activity. *Human Factors* 27 (5): 489-502,1985.

2.4.1.1 起飞和爬升测量

概述：在飞机起飞和爬升过程中，人们通常将空速和俯仰作为测量指标。

优势和局限性：Cohen（1977）使用飞行模拟器进行研究，发现在从航空母舰上起飞后的前 60 s 内，飞机空速会明显增加。三种类型的飞行显示器中，空速、垂直速度、高度、攻角、俯仰姿态和俯仰调整频率的变化也存在显著差异。

Williams（2000）测量了飞机在爬升过程中沿路径的水平和垂直偏差。研究结果显示，在驾驶通用航空模拟器过程中，使用 "highway-in-the-sky" 飞机显示器获取路径时，水平和垂直误差均明显小于使用 "follow-me" 飞机显示器时的。该实验的被试者为 36 名飞行员。

在对无人机系统（UAS）的绩效评估中，Fern 等（2012）使用 UAS 与其他飞行器之间的最小水平和垂直间隔距离以及分离损失（垂直间隔小于 750 英尺，水平间隔小于 5 海里）数量作为因变量，比较了被试者在有无驾驶舱态势显示以及高或低交通密度下的绩效。结果表明，显示器不会对人员相关绩效产生显著影响，但与低交通密度相比，高交通密度下分离失损失量明显更多。

数据要求：模拟器和（或）飞机必须配备仪表。

阈值：未说明。

原书参考文献

［1］Cohen,M.M.Disorienting effects of aircraft catapult launching: III. Cockpit displays and piloting performance. *Aviation,Space,and Environmental Medicine* 48 (9): 797-804,1977.

［2］Fern,L.,Kenny,C.A.,Shively,R.J.,andJohnson,W.UAS integration into the NAS:An examination of baseline compliance inthe current airspace system.Proceedings of the Human Factors and Ergonomics Society 56th Annual Meeting, 41-45, 2012.

［3］Williams,K.W.Age and situation awareness: A highway-in-the-sky display study. In D.B.Kaber and M.R.Endsley (Eds.) Proceedings of the First Human Performance, Situation Awareness andAutomation: User-Centered Design for the New Millennium,October 15-19,2000.

2.4.1.2　巡航测量

Berger（1977）在一项直升机飞行的研究中，报告了在空速、高度、倾斜角、下降速率、下滑道坡度、定位信标、俯仰速率、横滚速率和偏航速率，以及目视气象条件（VMC）、配备固定传感器的仪表气象条件（IMC）、配备稳定传感器的 IMC，以及配备转弯前视传感器的 IMC 不同组合上存在的显著差异。

North 等人（1979）报道，①俯仰误差、航向误差、横滚加速度、俯仰加速度、速度误差和偏航位置对显示配置差异非常敏感；②姿态误差、横滚误差、航向误差、横滚加速度、俯仰加速度、偏航加速度、速度误差、俯仰位置、横滚位置、偏航位置、功率设置、高度误差和交叉航迹误差对风的差异敏感；③航向误差、横滚加速度、俯仰加速度、偏航加速度、速度误差、横滚位置、偏航位置、高度误差和交叉航迹误差对动作提示敏感。

Bortolussi 和 Vidulich（1991）根据方向舵标准差（SD）、升降舵 SD、副翼 SD、高度 SD、平均高度、空速 SD、平均空速、航向 SD 和平均航向，计算了模拟飞行的品质因数（FOM）。结果显示，只有空速和高度 FOMs 在不同情况下表现出显著差异。这些变量的主要测量值以及副翼 SD 和升降舵 SD 也有显著差异。

在评估三维声音呈现飞机航路点方位和航向偏差时，Towers 等（2014）报告称，"听觉显示"可明显改善航向和航向偏差精度以及抬头时间。

Janowsky 等（1976）报告了飞行员在吸食 0.9 mg/kg 剂量大麻后，以下绩效指标显著下降：主要和次要错误数量、高度偏差、航向偏差和无线电导航误差。这些数据来自 10 名曾在社交场合吸食大麻的男性飞行员。所用飞机模拟器是一种用于仪表飞行训练的通用航空模型。

Dattel 等（2015）比较了在飞机模拟器中接受起落航线训练、理论训练或通话练习的飞行员绩效。结果显示，训练组在距离偏差之间存在显著差异，其中理论训练组距离偏差最小。然而，训练模式并不会对高度偏差、航向偏差或空速偏差产生影响。

Landman 等（2017）在一项针对飞机失速恢复的实验中，比较了航空公司飞行员在巡航期间是否预期失速事件对失速恢复程序遵守情况的影响。所有相关实验数据均是通过飞行模拟器收集获得。研究结果表明，当飞行员预期可能发生失速事件时，他们对恢复程序的遵守度要高于未预期的情况。

数据要求：模拟器和（或）飞行器必须安装仪器设备。

阈值：未说明。

原书参考文献

［1］Berger,I.R.Flight performance and pilotworkload in helicopter flight under simulated IMC employing a forward looking sensor. Proceedings of Guidance and Control Design Considerations for Low-Altitude and Terminal-Area Flight (AGARD-CP-240). AGARD, Neuilly-sur-Seine, France,1977.

［2］Bortolussi,M.R.,and Vidulich,M.A.Anevaluation of strategic behaviors in a high fidelity simulated flight task. Comparing primary performance to a figure of merit.Proceedings of the 6th International Symposium on Aviation Psychology, vol.2,1101-1106,1991.

［3］Dattel,A.R.,Karunratanakul,K.,Crockett, S.A., and Fabbri,J.How procedural and conceptual training affect flight performance for learning traffic patterns. Proceedings of the Human Factors and Ergonomics Society 59th Annual Meeting,855-858,2015.

［4］Janowsky,D.S.,Meacham,M.P,Blaine,J.D.,Schoor,M.,and Bozzetti,L.P.Simulated flying performance after marihuana intoxication. *Aviation, Space, and Environmental Medicine* 47 (2): 124-128,1976.

［5］Landman, A., Groen, E.L., van Paassen,M.M.Bronkhorst,A.W.,and Mulder,M. The influence of surprise on upsetrecovery performance in airline pilots International Journal of Aerospace Psychology 27 (1-2): 2-14,2017.

［6］North,R.A.,Stackhouse,S.P.,and Graffunder,K. *Performance, Physiological,and Oculometer Evaluation of VTOL Landing Displays* (*NASA-CR-3171*). Hampton, VA:NASA Langley Research Center,1979.

［7］Towers,J.,Burgess-Limerick,R.,and Riek, S. Concurrent 3-D sonifications enable the head-up monitoring of two interrelated aircraft navigation instruments. *Human Factors* 56 (8): 1414-1427,2014.

2.4.1.3 进近和着陆测量

Morello（1977）使用 B-737 飞机在三海里和近距离进近期间，定位信标、横向和下滑道坡度偏差在基线和综合显示格式之间的差异。然而，结果显示，无论俯仰稳定水平、风阵扰动或侧风方向和速度如何变化，定位信标均方根误差和下滑道坡度均方根误差都没有受到显著影响（Wierwille 和 Connor，1983）。

Brictson（1969）报告了以下舰载机参数在日夜着舰过程中的差异：下滑道坡度高度误差、提升率、拦阻网拦阻成功率、未成功进近百分比和成功复飞概率。结果显示，与中心线的横向误差、下沉速度和最终进近空速的横向误差在日夜着舰之间没有显著差异。

Kraft 和 Elworth（1969）报告，由于个体差异及城市坡度和照明条件不同，最终进近期间产生的高度有显著差异。同样与个体差异有关的是，Billings 等（1975）比较了五名经验丰富的飞行员在 IMC 条件下，使用仪表着陆系统（ILS）驾驶塞斯纳 -172 型飞机和 Link Singer 通用航空模拟器进近时的表现。结果显示，在驾驶飞机的情况下，俯仰、滚转和空速误差是使用模拟器时的两倍。除此之外，被试者在使用模拟器时的绩效会随着时间的推移而有所提高，而在驾驶飞机期间，相应绩效并不会发生这种变化。

Swaroop 和 Ashworth（1978）的研究结果显示，跑道上存在菱形标记时，下滑道坡度截距和飞行路径仰角明显更高，而没有菱形标记时则较低。对于从事相关研究的飞行员而言，在跑道上没有菱形标记时，相应着陆距离更短；而对于普通航空飞行员，则在跑道上存在菱形标记时，相应着陆距离更短。除此之外，Lewis 和 Mertens（1979）研究了不同显示器的效果，发现四种不同显示器之间在下滑道进近角的均方根偏差方面均存在显著差异。

在另一项关于显示器研究中，Lintern 等（1984）发现，传统和改良型菲涅耳透镜光学着陆系统显示器在下滑道坡度均方根和着陆下降速率上存在显著差异，但定位信标均方根没有差异。来自同一研究机构的 Lintern 和 Koonce（1991）发现，不同场景、显示倍率、跑道尺寸和起始点的垂直角下滑道坡度斜率误差差异显著。

在一项快速和非快速显示的比较研究中，Spielman 等（2014）发现，在不同显示模式下，进近和着陆期间高度误差的标准偏差和均方根存在显著差异。然而，显示模式并不会对横向误差产生显著影响。需要注意的是，这些研究的被试者均不是飞行员。

Dehais 等（2017）利用模拟器针对一种不太常见但至关重要的飞机机动操作（复飞）所涉及的错误进行了分析。结果显示，在 12 名机组成员中，仅有 3 名机组成员能够完全复述复飞许可。另有 6 名机组成员出现了轨迹误差。其他错误包括未能收起起落架、拨入错误航向、未正确启用航向模式、未在飞行控制单元中设置正确高度、过晚设置高度以及未能正确启用高度等。

Gaidai 和 Mel'nikov（1985）不再依赖单独测量指标，研制出了一种可用来评估飞行员着陆绩效的综合指标：

$$I(t)\frac{1}{t_z}\int_0^{t_z}\sum_{j=1}^{K}a_i(t_i)\left[\frac{Y_i(t_i)-m_{yi}}{S_{yi}}\right]^2 dt$$

其中：

I= 积分标准

t= 时间

t_z= 积分时间

$Ka_i(t_i)$ = 时刻 i 的路径参数 Y 的加权系数

$Y_i(t_i)$ = 参数 Y 在时刻 i 的瞬时值

m_{yf}= 路径参数的编程值

S_{yi}= 积分偏差的标准偏差：

$$S_{yi} = \frac{1}{n_j = 1}n\sqrt{\frac{1}{t_z}\int_0^{t_z}\left[Y_j(t_i) - m_{yi}\right]^2 dt}$$

其中，尽管 $I(t)$ 可用来对飞行员绩效进行多变量评估，但其存在难以计算的弊端。

除此之外，Bhagat 等（2011）同样采用了一系列测量指标，对比了美国飞行安全基金会（Flight Safety Foundation，FSF）减少进近和着陆事故（ALAR）工具包安全概况与进近和着陆的操作范围。其中，ALAR 测量包括高度超过阈值、最终进近速度、触地距离、减速率和离场跑道速度。观察数据由一家大型航空公司提供，为期 14 个月。结果显示，所有变量都超过了标准操作程序值。

随着驾驶舱自动化水平的不断提高，飞行员手动操纵飞机的能力备受质疑。Haslbeck 等（2014）在一项涉及 57 名航空公司飞行员的模拟器研究中发现，机长在最大定位信标偏差和下滑道坡度偏差以及每个偏差的均方根误差都明显大于副机长。

另一种使用多个指标的方法是着陆绩效评分（landing performance score，LPS），该评分是通过多元回归计算以下变量得出，这些变量分别为每名飞行员着舰次数、航海日志评分、环境数据（天气、海况等）、飞机数据（飞机型号和飞机配置）、船舰数据（船舰排水量、目视着陆辅助、事故率等）、登舰和提升率、着舰时间间隔、任务类型和持续时间以及飞行周期工作量估算。需要指出的是，LPS 专为海军航母舰载机着舰而开发（Brictson，1977），并且该工具能够区分夜间和白天的航母舰载机着舰行为（Brictson，1974）。

在一项针对 UAV 的研究中，Draper 等（2000）采用"着陆标志的绝对着陆误差"这一指标来评估变更类型、能见度水平以及湍流严重程度的影响。数据来自模拟无人机地面站中 8 名有评级的飞行员。研究发现，使用触觉提示时，着陆误差显著减少。相比没有触觉提示，使用触觉提示能够帮助飞行员更好地提高 UAV 的着陆精度。

原书参考文献

［1］Bhagat, R., Glussick, D., Histon, J., and Saccomanno, F. Formulating safety performance measures for aircraft landing and runway exit maneuvers. Proceedings of the Human Factors and Ergonomics Society 55th Annual Meeting, 1725-1729, 2011.

［2］Billings, C.E., Gerke, R.J., and Wick, R.L. Comparisons of pilot performance in simulated and actual flight. *Aviation, Space, and Environmental Medicine* 46 (3): 304-308, 1975.

［3］Brictson, C.A. Operational measures of pilot performance during final approach to carrier landing. Proceedings of Measurement of Aircrew Performance - The Flight Deck Workload and Its Relation to Pilot Performance (AGARD-CP-56) . AGARD,Neuily-su-Seine,France,1969.

［4］Brictson, C.A. Pilot landing performance under high workload conditions. ln A.N. Nickolson (Ed.) *Simulation and Study of High Workload Operations (AGARD-CP-146)*. Neuilly-sur-Seine, France: AGARD, 1974.

［5］Brictson, C.A. Methods to assess pilot workload and other temporal indicators of pilot performances effectiveness. In R. Auffret (Ed.) Advisory Group for Aerospace Research and Development (AGARD) (Conference Proceedings Number 217, AGARD-CP-217) , B9-7-B9-10, 1977.

［6］Dehais, F., Behrend,J.,Peysakhovich, V.,Causse,M.,and Wickens,C.D.Pilot flying and pilot monitoring's aircraft state awareness during go-around execution in aviation: A behavioral and eye tracking study. *International Journal of Aerospace Psychology* 27 (1-2): 15-28,2017.

［7］Draper,M.H.,Ruff,H.A.,Repperger,D.W.,and Lu,L.G.Multi-sensory interface concepts supporting turbulence detectionby UAV controllers. In D.B.Kaber and M.R.Endsley (Eds.) Proceedings of the First Human Performance, Situation Awareness and Automation: User-Centered Design for the New Millennium, October 15-19,2000.

［8］Gaidai,B.V.,and Mel'nikov,E.V.Choosingan objective criterion for piloting performance in research on pilot training onaircraft and simulators. *Cybernetics and Computing Technology* 3:162-169,1985.

［9］Haslbeck, A., Kirchner, P., Schubert, E.,and Bengler, K. A flight simulator study to evaluate manual flying skills of airline pilots.Proceedings of the Human Factors and Ergonomics Society 58th Annual Meeting,11-15,2014.

［10］Kraft,C.L.,and Elworth,C.L.Flight deck work and night visual approach.Proceedings of Measurement of Aircrew Performance-The Flight Deck Workload and its Relation to Pilot Performance (AGARD-CP-56) . AGARD, Neuilly-sur-Seine, France,1969.

［11］Lewis,M.F.,and Mertens,H.W.Pilot performance during simulated approaches and landings made with various computer-generated visual glidepath indicators. Aviation, Space,and Environmental Medicine 50 (10): 991-1002,1979.

［12］Lintern,G.,Kaul,C.E.,and Collyer,S.C.Glide slope descent-rate cuing to aid carrier landings.Human Factors 26 (6): 667-675,1984.

［13］Lintern,G.,and Koonce,J.M.Display magnification for simulated landing approaches. International Journal of Aviation Psychology 1 (1): 59-72,1991.

［14］Morello, S.A. Recent flight test results using an electronic display format on the NASA B-737. Proceedings of Guidanceand Control Design Considerations for Low-Altitude and Terminal Area Flight (AGARD-CP-240) . AGARD, Neuilly-sur-Seine, France, 1977.

［15］Spielman,Z.A.,Evans,R.T.,Holmberg,J.D., and Dyre, B.P.Evaluation of a peripherally-located instrument landing display with high-order control of a nonlin-ear approach and landing. Proceedings of the Human Factors and Ergonomics Society 58th Annual Meeting,1067-1071,2014.

［16］Swaroop,R.,and Ashworth,G.R.*An Analysis of Flight Data from Aircraft Landings with and without the Aid of a Painted Diamond on the Same Runway* (*NASA-CR-143849*). Edwards Air Force Base,CA: NASA Dryden Research Center,1978.

［17］Wierwille, W.W., and Connor, S.A. Sensitivity of twenty measures of pilot mental workload in a simulated ILS task.Proceedings of the Annual Conference on Manual Control (18th), 150-162, 1983.

2.4.1.4 空战绩效测量

Kelly 于1988年回顾了自动测量空对空作战中机组任务绩效的方法。该研究认为，测量方法必须考虑的指标包括位置优势或劣势、控制操纵以及动能和势能管理。

Barfield 等（1995）分析了参照系、视场角（FOV）和视点仰角对飞行员在模拟空对地打击任务时绩效的影响。研究结果显示，参照系在飞行员任务绩效方面的影响最为显著。具体而言，与具有上帝视角的显示模式相比，飞行员视角可使飞行路径均方根误差降低、目标锁定时间和目标获取时间缩短。除此之外，FOV 也会对飞行员任务绩效产生显著影响，其中 30° 和 90°FOV 的均方根误差低于 60°FOV，30°FOV 锁定目标时间最短，目标获取时间最快。最后，视点高度也会对飞行员任务绩效产生显著影响， 与30° 视点高度相比，60° 的均方根误差更低，锁定时间更短，目标获取时间也更快。

Kruk 等（1983）利用地面飞行模拟器比较了 12 名经验丰富的战斗机飞行员、12 名培训本科生的飞行教员和12 名飞行学员在三项任务（编队、低空飞行和着陆）中的绩效。结果显示，只有一个参数与飞行经验之间密切相关。具体而言，在着陆任务中，学员在第一次矫正到跑道的距离上明显比教员更差。这些测量指标包括：正确编队所需时间、36 米内轰炸目标中心的命中率、导弹跟踪时间、被击落次数、坠毁次数、高度变化、航向变化、释放高度变化以及释放时的重力载荷。

原书参考文献

［1］Barfield, W., Rosenberg, C., and Furness,T.A.Situation awareness as a function of frame of reference, computer-graphics eye point elevation, and geometric field of view.*The International Journal of Aviation Psychology* 5 (3): 233-256, 1995.

［2］Kelly, M.J.Performance measurement during simulated air-to-air combat. *Human Factors* 30 (4):495-506,1988.

［3］Kruk,R.,Regan,D.,and Beverley,K.I.Flying performance on the advanced simulator for pilot training and laboratory testsof vision.*Human Factors* 25 (4): 457-466, 1983.

2.4.1.5　悬停绩效测量

概述：悬停是一种适用于直升机或垂直起降（VTOL）飞机的机动动作，即飞机在空中保持一个固定的悬浮位置。

优势和局限性：Moreland 和 Barnes 于 1969 年提出了一项用于测量直升机飞行员任务绩效的指标，该指标的计算公式如下所示：

100-（绝对空速误差 + 绝对高度误差 + 绝对航向误差 + 绝对扭矩变化）

当驾驶舱温度升至 85 ℉以上时，该测量指标的敏感性会降低；但在轻度至中度湍流情况下比没有湍流时表现更佳，且对飞行员基本驾驶技术非常敏感。然而，它不受飞机涂装或设备配置的影响。

Richard 和 Parrish（1984）使用误差向量组合（VCE）来估计飞行员在执行悬停任务时的绩效，该 VCE 的计算方法如下所示：

$$\text{VCE} = (x^2 + y^2 = z^2)^{1/2}$$

其中：

x、y 和 z 分别为 x、y 和 z 轴误差。

该研究认为，由于 VCE 能辨别数据中的趋势，因此可作为一个很好的总结性指标。

数据要求：未说明。

阈值：未说明。

原书参考文献

［1］Moreland, S., and Barnes, J.A. Exploratory study of pilot performance during high ambient temperatures/humidity. Proceedings of Measurement of Aircrew Performance (AGARD-CP-56) .

AGARD, Neuilly-sur-Seine, France,1969.

[2] Richard, G.L., and Parrish, R.V.Pilot differences and motion cuing effects on simulated helicopter hover.*Human Factors* 26 (3): 249-256,1984.

2.4.1.6　标准速率转弯

概述：标准速率转弯（SRT）指以每秒 3° 的速率进行转弯。旋翼和固定翼飞机均采用这种教授方式。

优势和局限性：Chapman 等（2001）使用指定高度、空速和航向的平均值和标准偏差来评估转弯方向（左转或右转）、转弯程度（180° 或 360°）和转弯各阶段（滚入、滚出、前 30°、后 30°）。所得结果显示，上述所有三个自变量均具有显著主效应。具体而言，右转和 360° 转弯的转弯程度误差和高度误差均分别显著大于左转和 180° 转弯。高度误差在右转时比左转时更大。180° 转弯的空速误差大于 360° 转弯；前 30° 阶段所对应的空速误差显著大于滚出阶段。滚出阶段的转向程度误差的标准偏差也显著大于滚入阶段。左转弯的高度误差标准偏差明显大于右转弯，180° 转弯明显大于 360° 转弯，前 30° 阶段明显大于后 30° 阶段。除此之外，左转的空速误差标准偏差明显大于右转，180° 转弯的空速误差标准偏差明显大于 360° 转弯。

数据要求：这些变量是基于特定飞机和任务。

阈值：基于 TH-57 直升机。

原书参考文献

Chapman, F. Temme, L.A., and Still, D L. The performance of the standard rate turn (SRT) by student Naval helicopter pilots. *Aviation, Space, and EnvironmentalMedicine* 72 (4): 343-351, 2001.

2.4.1.7　控制输入活动

概述：Corwin 等（1989）使用操纵轮（副翼）和操纵杆（升降舵）的控制输入活动作为飞行路径控制的测量指标。Griffith 等（1984）将控制反转率定义为"每个控制器轴上的控制反转总数除以间隔时间"。他们在地面飞行模拟器中计算了稳态和机动转换间隔的控制反转率。

优势和局限性：Corwin 等于 1989 年研究发现，控制输入活动是一种可靠且有效的测量指标。然而，Griffith 等（1984）表示，由于控制输入极少，因此无法计算节气门和方向舵踏板活动的控制反转率。之外，不同显示配置在俯仰轴控制反转率方面不存在显著差异。然而，相同的显示配置在横滚轴控制反转率方面存在显著差异。

Wierwille 等（1985）采用模拟飞行中升降舵、副翼和方向舵输入总数作为测量指标，结果显示该指标对飞行期间数学问题解决任务的难度不敏感。

其他控制输入的测量指标包括应对紧急情况的反应正确性和延迟。Loveday 和 Wiggins（2014）报告称，与使用通用或仪表图标相比，在模拟器中使用显示故障原因的图标（例如应答器、航向或发动机）的情况下，飞行员在紧急情况下的反应速度显著更快。

数据要求：必须同时记录控制反转和时间。

阈值：未说明。

原书参考文献

［1］ Corwin, W.H., Sandry-Garza, D.L., Biferno, M.H., Boucek, G.P., Logan, A.L., Jonsson,J.E,and Metalis,S.A.*Assessment of Crew Workload Measurement Methods,Techniques and Procedures.Volume 1-Process,Methods,and Results (WRDC-TR-89-7006)*. Wright-Patterson Air Force Base,OH,1989.

［2］ Griffith,P.W.,Gros,P.S.,and Uphaus,J.A.Evaluation of pilot performance and work-load as a function of input data rate and update frame rate on a dot-matrix graphics display. Proceedings of the National Aerospace and Electronics Conference,988-995,1984.

［3］ Loveday, T., and Wiggins, M.W. Using iconic cues to recover from fixation on tablet devices in the cockpit.Proceedingsof the Human Factors and Ergonomics Society 58th Annual Meeting,350-354,2014.

［4］ Wierwille, W.W.,Rahimi, M., and Casali, J.G. Evaluation of 16 measures of mental workload using a simulated flighttask emphasizing mediational activity. *Human Factors* 27 (5): 489-502,1985.

2.4.1.8　综合得分

概述：截至目前，人们已开发出了许多综合评分系统，其中最早之一的是飞行员绩效指数。Stein（1984）基于主题专家意见为空运任务制订了一份关于任务绩效变量以及相关绩效测量指标清单。后来研究人员通过剔除对经验丰富飞行员和新手飞行员能力没有区分度的绩效指标，进一步简化了该清单（表2.2）。这些绩效指标的集合被称为"飞行员绩效指数"（PPI）。除此之外，文中还描述了其他几个类似的综合评分以及它们的优势和局限性。

表 2.2　飞行员任务绩效指标变量表

起飞	初始进场
桨距角	航向
爬升	左侧进气管
航向	右侧进气管
空速	倾斜角度
航线飞行	最终进场
海拔高度	航向
俯仰角	档位
航向	襟翼位置
航向偏差指示器	航向偏差指示器
全向方位传感器	
下降	
航向	
空速	
倾斜角度	
航向偏差指示器	
全向方位传感器	

注：摘自 Stein (1984)。

瑞典国防研究机构（FOI）飞行员任务绩效量表（PPS）是一种广泛用于训练模拟器和飞行后的问卷调查工具（Berggren，2000）。该量表包含 6 个维度，分别为操作任务绩效、态势感知、飞行员心理负荷、心理能力、信息处理战术态势显示和信息处理战术信息显示（Smith 等，2007）。填写该问卷大约需要 5 min。

优势和局限性：PPI 能够提供任务绩效的客观评估，可以区分经验丰富飞行员和新手飞行员。然而，它无法测量飞行员所投入的努力。在早期的一项研究中，Simmonds（1960）比较了 17 名具有不同经验水平的飞行员在转弯和改变高度任务中的任务绩效，并报告称，经验对任务绩效一致性的影响大于对任务绩效准确性的影响。

Stave（1979）使用指定的飞行参数偏差来评估振动对飞行员绩效的影响。该研究所涉及数据是在直升机模拟器中收集得到，测量指标包括导航误差［从起飞到仪表着陆系统（ILS）的平均航线偏离距离］、ILS 得分（下滑道高度、航向度数和空速的偏差）、悬停得分（平均高度误差加平均航线偏离距离）、悬停时间（从过载标记到负载 / 卸载的持续时间）以及负载位置（拉紧或释放时负载与直升机之间的距离）。

研究结果显示，飞行员任务绩效会随着振动增加而有所改善，这是因为飞行员会在这种情况下采取相应的补偿行为。

除此之外，Leirer 等（1989）还使用"偏离理想飞行程度"作为评估飞行员任务绩效的一项指标。研究人员报告了年大飞行员（18～29 岁与 30～48 岁相比）在固定基飞行模拟器遇到湍流和吸食大麻后的任务绩效下降情况。并且在随后的一项研究中，Leirer 等（1991）报告称，吸食大麻会对飞行员任务绩效产生持续长达 24 h 的影响。在另一项药物研究中，Izraeli 等（1990）使用空速、真实航向、高度、垂直速率和倾斜飞行的偏差来评估溴化吡啶斯的明对飞行员任务绩效的影响。结果显示，剂量为 30 mg 的溴化吡啶斯的明不会对飞行员任务绩效产生显著影响。在另一项药物相关研究中，Caldwell 等（1992）报告称，在直升机模拟器测试过程中，剂量为 4 mg 阿托品硫酸盐会对飞行员任务绩效产生显著影响，在此期间，以下飞行参数中发生了明显的偏差，包括航向、悬停期间的垂直上升航向和空速控制。阿托品与飞行和机动垂直速度控制产生了显著的交互作用，并且与倾斜飞行产生了显著交互作用。除此之外，Ross 等（1992）也使用飞行员任务绩效偏差来研究药物的影响，但目标药物为酒精。该研究发现，只有在高工作负荷条件下（例如，湍流、侧风和风切变），酒精才会对飞行员任务绩效产生显著影响。飞行员任务绩效指标包括飞行控制误差（例如，偏离指定高度、航向和倾斜度）、导航误差以及通信误差。在类似的研究中，Morrow 等（1993）报告称，在飞行模拟器中，0.10% 的血液酒精水平会降低飞行员任务绩效。需要指出的是，这些研究人员均使用与理想绩效的偏差汇总作为因变量。

Wildzunas 等（1996）分析了时间延迟对全动态飞行模拟器中飞行员绩效的影响。研究人员计算了一个综合绩效得分来反映被试者在所有机动动作（起飞、标准速率转弯、水平直线飞行、下降转弯、进近、悬停、悬停转弯、低空飞行、编队飞行和单点着陆）中保持标准操作的程度。研究发现，400 ms 和 533 ms 视觉显示延迟会导致飞行员任务绩效发生显著下降。

Paul（1996）针对加拿大军队飞行员进行了一项实验，这些飞行员在离心机中经历加速度引起的意识丧失（G-LOC）后，进入飞行模拟器完成仪表起飞、转弯和仪表着陆。该研究使用 11 个飞行参数的均方根误差得分来计算实验结果，同样采用偏差值作为参考。结果显示，在 29 名被试者中只有 1 名飞行员绩效在经历 G-LOC 后出现了显著下降。

Reardon 等（1998）在直升机模拟器中，对 9 名军事飞行员穿戴标准或化学防护服暴露于 70 ℉或 100 ℉下的飞行绩效进行了分析。研究人员基于悬停、悬停转弯、水平直线飞行、左转爬升、左转下降、右转标准速率、等高线和接掠地面飞行等各项任务偏差得出一个综合得分。结果显示，在穿戴化学防护服时，飞行绩效显著下降。

McClernon 等（2011）通过使用 Z=（Vp-Mean Vs）/SDV 计算了俯仰、横滚、俯仰速率、横滚速率、侧向加速度、纵向加速度和法向加速度的标准化变异性得分。其中，Vp 是被试者的变异性得分，mean Vs 是所有被试者的平均值，SDV 是所有被试者的标准差。需要指出的是，30 名被试者为没有飞行经验，这些被试者中的一部分接受了应激训练（冷水刺激训练）。结果显示，应激训练会对完成 Piper Archer 型飞机的任务绩效产生显著影响。

Johnson 和 Wiegmann（2011）测量了 16 名飞行员在边缘天气下模拟跨国航班飞行的绩效。该绩效以"［总时间 –（非法定时间 + 0.55 顺风飞行时间违反一个 VFR 气象参数 + 顺风飞行时间违反两个 VFR 气象参数）/ 总时间］"进行表示。结果显示，飞行员绩效与 IMC（仪表气象条件）时间量之间存在显著相关性。

FOI PPS 具有高信度（0.73 ~ 0.90），且与 NASA TLX（+0.84）和 Bedford 评级量表（+0.69）之间存在显著相关（Smith 等，2000）。

数据要求：这些变量是基于特定飞机和任务。

阈值：未说明。

原书参考文献

［1］Berggren, P. Situational Awareness, Mental *Workload, and Pilot Performance-Relationships and Conceptual Aspects (FOA-R-00-01438-706-SE)* .Linköping：Human Sciences Division,2000.

［2］Caldwell, J.A., Stephens, R.L., Carter, D.J., and Jones, H.D. Effects of 2 mg and 4 mg atropine sulfate on the performance of U.S. Army helicopter pilots. *Aviation, Space, and Environmental Medicine* 63 (10): 857-864,1992.

［3］Izraeli, S., Avgar, D., Almog, S., Shochat, I., Tochner, Z., Tamir, A., and Ribak, J. The effect of repeated doses of 30 mg pyridostigmine bromide on pilot performance in an A-4 flight simulator. *Aviation, Space, and Environmental Medicine* 61 (5): 430-432,1990.

［4］Johnson, C.M., and Wiegmann, D.A. Pilot error during visual flight into instrument weather: An experiment using advanced simulation and analysis methods. Proceedings of the Human Factors and Ergonomics Society 55th Annual Meeting,138-142,2011.

［5］Leirer, V.O., Yesavage, J.A., and Morrow, D.G. Marijuana, aging, and task difficulty effects on pilot performance. *Aviation, Space, and Environmental Medicine* 60 (12): 1145-1152,1989.

［6］Leirer, V.O., Yesavage, J.A., and Morrow, D.G. Marijuana carry-over effects on aircraft pilot performance. *Aviation, Space, and Environmental Medicine* 62 (3): 221-227,1991.

［7］McClernon, C.K., McCauley, M.E., O'Connor, P.E., and Warm, J.S. Stress training improves performance during a stressful flight. Human Factors 53 (3): 207-218,2011.

［8］Morrow, D., Yesavage, J., Leirer, V., Dohlert, N., Taylor, J., and Tinklenberg, J. The time-course of alcohol impairment of general aviation pilot performance in a Frasca 141 Simulator. *Aviation, Space, and Environmental Medicine* 64 (8): 697-705, 1993.

［9］Paul, M.A. Instrument flying performance after G-induced loss of consciousness. *Aviation, Space, and Environmental Medicine* 67 (11): 1028-1033,1996.

［10］Reardon, M.J., Fraser, E.B., and Omer, J.M. Flight performance effects of thermal stress and two aviator uniforms in a UH-60 helicopter simulator. *Aviation, Space, and Environmental Medicine* 69 (9): 569-576,1998.

［11］Ross, L.E., Yeazel, L.M., and Chau, A.W. Pilot performance with blood alcohol concentrations below 0.04%. *Aviation, Space, and Environmental Medicine* 63 (11): 951-956,1992.

［12］Simmonds, D.C.V. An investigation of pilot skill in an instrument flying task. *Ergonomics* 3 (3): 249-254,1960.

［13］Smith, E., Borgvall, J., and Lif, P. Team and Collective Performance Measurement. Bedford Technology Park Thurleigh, Bedfordshire: Policy and Capability Studies, 1July 2007.

［14］Stave, A.M. The influence of low frequency vibration on pilot performance (as measured in a fixed base simulator). *Ergonomics* 22 (7): 823-835,1979.

［15］Stein, E.S. The Measurement of Pilot Performance: A Master-Journeyman Approach (DOT/FAA/CT-83/15). Atlantic City, NJ: Federal Aviation Administration Technical Center, May 1984.

［16］Wildzunas, R.M., Barron, T.L., and Wiley, R.W. Visual display delay effects on pilot performance. *Aviation, Space, and Environmental Medicine* 67 (3): 214-221,1996.

2.4.2　空中交通管制任务绩效测量

概述：Rantanen（2004）回顾了可在空中交通管制（ATC）中应用的绩效测量方法。第一种方法是"直接观察或过肩镜头（OTS）方法"。第二种是"一套主观测量方法"，在这种方法中，被试者需要对自己的任务绩效和工作量进行评级。其最终的测量标准由 40 个客观指标组成（表 2.3），这些指标来源于数据分析和简化工具（DART）以及国家轨道分析计划（NTAP）的任务绩效和客观工作量评估研究（POWER）分析。

表 2.3　空管员任务绩效评估（Rantanen，2004）

控制持续时间
相关时间
抛物线稳定性参数
反应延迟
交通计数
过渡斜率 – 时间内交通增加的斜率

87

过渡时间 – 从轻负荷交通到重负荷交通的时间

飞机高度变化

飞机航向变化

飞机速度变化

违反分离最小距离

优势和局限性：Rantanen（2004）列举了 OTS 方法的缺点，它被认为是劳动密集型产业、耗时且存在潜在不准确性。Rantanen（2004）得出结论，即主观测量方法易于使用和廉价，但可能会干扰任务执行，并且如果在任务之后完成，则可能存在不准确问题。Rantanen（2004）的测量包括空中交通管制员通信和飞机最终状态这两个方面。一些研究者专注于其中之一，而其他研究者则使用其他组合。

通信方面：Hah 等（2010）利用"一键通"语音传输数量就"数据通信"对管制员活动的影响进行了评估。结果显示，在 4 种人机界面（图形、键盘、模板、组合）中，数据通信对管制员活动的影响均无显著差异。然而，在语音传输持续时间内，与装备百分比（0、10%、50% 或 100%）相关的"一键通"语音传输数量显著存在差异。

Sanchez 和 Smith（2010）采用管制员对跑道安全警报响应时间来评估管制员的任务绩效，包括管制员为等待起飞的飞机提供航向信息时发生的跑道侵入，未经授权穿越起飞跑道的侵入以及到达跑道入侵。结果显示，这些情境中，管制员的任务绩效并没有出现显著差异。

Askelson 等（2013）使用"对 ATC 命令的响应时间"来比较无人驾驶和有人驾驶飞机。

Vu 等（2014）则使用空中交通管制员与 UAS 操作员之间的通信步骤数量来确定最大可接受的通信延迟。

飞机状态：空中交通管制员的两个最关键的绩效指标是"冲突"和"错误"。Hadley 等（1999）提出了空中交通管制员任务绩效指标的标准化定义：

（1）冲突：指违反两架飞机之间的安全间隔最小值的情况。在终端空域内（以机场为中心、以约 10 公里的半径范围向上延伸成圆形空域），当两架飞机之间的横向距离小于 3 英里和垂直距离小于 1000 英尺时，就会发生冲突。在巡航阶段，当横向距离小于 5 英里和垂直距离小于 1000 英尺时，就会发生冲突。在 FL290 高度层中，垂直间隔距离的最小值为 2000 英尺（FAA，1998）。当然也有例外情况，例如当一名飞行员看到前方的飞机并保持目视间隔，或在两架飞机通过平行降落定位信标确定飞行状态时。

（2）错误（冲突和非冲突）：当设备、人员、程序和（或）系统的单独或组合故障导致小于最低间隔标准时，会发生冲突错误（操作错误）。非冲突错误包括但不限于从雷达显示器上错误识别信息、接收不完整的位置信息以及错误地解读飞行进度。

Rovira 和 Parasuraman（2010）使用冲突探测和分辨率性能来评估冲突探测技术在混合舰队装备中的效果。所得结果显示，与手动操作相比，通过使用可靠的自动化技术，冲突可以更快、更准确地被探测出来。

Khadilkar 和 Balakrishnan（2013）使用以下指标来评估波士顿 Logan 机场的运营情况：飞机进场时的排队等待时间与队列长度、起飞吞吐量、滑行离开时间和跑道利用率之间的关系。

Strybel 等（2016）利用分离损失和间隔效率的数量来比较退役空管员在航线区域和过渡区域使用 4 种不同的间隔保证和空间概念时的任务绩效。结果表明，当空管员完成间隔保证时，分离损失的数量最高；而当空管员完成间隔保证但要求更多通信时，间隔效率最高。

通信和飞机状态的组合：许多研究人员都是使用通信和飞机状态的组合来进行相关任务绩效评估。例如，Metzger 和 Parasuraman（2005）经研究发现，在中等交通密度下检测到的冲突和自我分离的百分比高于高等交通密度下的百分比。然而，在高交通密度中的提前通知时间短于中等交通密度流量。Bienert 等（2014）使用交货准确性和分离损失来比较与风力和情境难度相关的飞机计量的不确定性水平。

Zingale 等（2010）使用了飞机请求等待数量、扇区内飞机数量、"一键通"语音传输次数、分离损失以及自我间隔和编队的数量来比较相关人员的任务绩效。该研究发现，在请求等待或重新引导飞机、分离损失以及自我间隔和编队方面，不同的空中交通管制系统或先进程序之间没有显著差异。然而，不同的系统和程序会对管理的飞机数量和语音传输数量产生显著影响。Willems 和 Heiney（2002）报告称，在低任务负荷情况下，每架飞机的速度变化次数显著低于高任务负荷。高度变化、航向变化或切换次数没有显著差异。分离损失的数量不足以进行分析。该研究的被试者为 16 名空中交通管制员。Sethumadhavan 和 Durso（2009）在非雷达和雷达条件下测量了地图和应急跑道召回，以及碰撞、违规和切换延迟等指标。

Hannon（2010）使用起飞次数、飞机滑行时间、跑道占用时间和传输次数来识别传统空中交通管制塔台和虚拟数字空中交通管制塔台之间的差异。结果显示，在起飞次数方面，上述两种塔台之间并不存在显著差异。但是在飞机滑行时间和传输次数方面，上述两种塔台之间存在显著差异。不过，作者并没有确定跑道占用时间在上述两种塔台中是否存在显著差异。

Surabattula 等（2010）针对空管员［3 名使用模拟航空交通网络（VATSIM，一款针对空管员和飞行员的在线游戏）的业余空管员］的交互数量和类型（命令、信息或请求）进行了分析。结果显示，上述测量指标与失控之间存在密切相关性。Ngo 等（2012）以切换时延时间、途中时延时间和错误为测量指标，比较空管员在"纯视觉提示"或"视觉＋听觉提示"，"触觉震动"或"听觉提示"条件下的任务绩效。其中，"错误"包括飞机分离损失，到达错误目的地，飞机速度、高度或航向错误，与分界、另一架飞机或机场交叉。结果显示，当视觉提示被多感官提示增强时，空管员具有更快的反应时。

Truitt（2013）比较了仅语音、40%数据通信和75%数据通信这3种情况，结果显示，在上述3种情况下，停机坪等待时间、地面对飞行员传输持续时间、飞行员对地面传输数量、飞行员对地面传输持续时间以及发出 D-Taxi 的平均时间等方面均存在显著差异，但在飞机滑行超时，飞机滑行时限，飞机滑行延误数量，飞机滑行延误持续时间或地面到空中无线电传输数量方面不存在显著差异。

数据需求：Rantanen（2004）指出，OTS 需要一个标准化清单和广泛培训才能达到内部可靠性。

阈值：未说明。

原书参考文献

［1］Askelson, M.A., Dreschel, P., Nordlie, J., Theisen, C.J., Carlson, C., Woods, T., Forsyth, R., and Heitman, R. MQ-9 unmanned aircraft responsiveness to air traffic con-troller commanded maneuvers: Implications for integration into the National Airspace System. *Air Traffic Control Quarterly* 21 (1):79-92,2013.

［2］Bienert, N., Me., Homola, J.R., Morey, S.E., and Prevot, T. Influence of uncertainties and traffic scenario difficulties in a human-in-the-loop simulation. *Air Traffic Control Quarterly* 22 (2): 179-193,2014.

［3］Hadley, G.A., Guttman, J.A., and Stringer, P.G. *Air Traffic Control Specialist Performance Measurement Database (DOT/FAA/CT-TN99/71)*. Atlantic City International Airport, NJ: William J. Hughes Technical Center, June 1999.

［4］Hah, S., Willems, B., and Schultz, K. The evaluation of Data Communication for the Future Air

Traffic Control System (NextGen) .Proceedings of the Human Factors and Ergonomics Society 54th Annual Meeting,99-103,2010.

[5] Hannon, D.J. Air traffic controller performance in a human-in-the-loop virtual tower simulation. Proceedings of the Human Factors and Ergonomics Society 54th Annual Meeting,94-98,2010.

[6] Khadilkar, H., and Balakrishnan, H. Metrics to characterize airport operational performance using surface surveillance data. *Air Traffic Quarterly* 21 (2): 183-206, 2013.

[7] Metzger, U., and Parasuraman, R. Automation in future air traffic management: Effects of decision aid reliability on controller performance and mental work-load. *Human Factors* 47 (1): 35-49,2005.

[8] Ngo, M.K., Pierce, R.S., and Spence, C. Using multisensory cues to facilitate air traffic management. *Human Factors* 54 (6): 1093-1103,2012.

[9] Rantanen, E. *Development and Validation of Objective Performance and Workload Measures in Air Traffic Control (AHFD-04-19/FAA-047-7)*.

[10] Rovira, E., and Parasuraman, R. Transitioning to future air traffic management: Effects of imperfect automation on controller attention and performance. *Human Factors* 52 (3): 411-425,2010.

[11] Savoy, IL: Aviation Human Factors Division Institute of Aviation University of Illinois, September 2004.

[12] Sanchez, J., and Smith, E.C. Tower controllers' response behavior to runway safety alerts. Proceedings of the Human Factors and Ergonomics Society 54th Annual Meeting,50-54,2010.

[13] Sethumadhavan, A., and Durso, F.T. Selection in Air Traffic Control: Is nonradar training a predictor of radar performance? *Human Factors* 51 (1): 21-34,2009.

[14] Strybel, T.Z., Vu, K.L., Chiappe, D.L., Morgan, C.A., Morales, G., and Battiste, V. Effects of NextGen concepts of operation for separation assurance and interval management on Air Traffic Controller situation awareness, workload, and performance. *International Journal of Aviation Psychology* 26 (1-2) ,1-14,2016.

[15] Surabattula, D., Kaplan, M., and Landry, S.J. Controller intervention to mitigate potential air traffic conflicts. Proceedings of the Human Factors and Ergonomics Society 54th Annual Meeting,40-44,2010.

[16] Truitt, T R. An empirical study of diigital taxi clearances for departure aircraft. *Air Traffic Control Quarterly* 21 (2): 125-151, 2013.

[17] Vu, KL., Chiappe, D., Morales, G., Strybel, T.Z., Battiste, V., Shively, J., and Buker, T.J. Impact of UAS pilot communication and execution latencies on air traffic controllers's acceptance of UAS operations. *Air Traffic Control Quarterly* 22 (1): 49-80,2014.

[18] Willems, B., and Heiney, M. *Decision Support Automation Research in the En Route Air Traffic Control Environment (DOT/FAA/CT-TN01/10)*. Atlantic City International Airport, NJ: Federal Aviation Administration William J. Hughes Technical Center, January 2002.

[19] Zingale, C.M., Willems, B., and Ross, J.M. Air Traffic Controller workstation enhancements for managing high traffic levels and delegated aircraft procedures. Proceedings of the Human Factors and Ergonomics Society 54th Annual Meeting,11-15,2010.

2.4.3 Boyett 和 Conn 白领任务绩效测量

概述：Boyett 和 Conn 于 1988 年开发了一系列任务绩效测量方法列表，用于评估白领、专业、知识型工作者机构中的人员胜任力。这些列表（表 2.4）根据所执行的职能进行了分类（即工程、生产计划、采购和管理信息系统）。

表 2.4　不同职能中的白领绩效测量

工程学	采购（续）
·按设计运行或在位设备 / 工具的百分比	·"现金折扣"或"提前付款折扣"的订单百分比
·能够在既定规格内运行的机器 / 工具的百分比	
·具有当前详细流程 / 方法列表的操作百分比	·完成年度价格比较的主要供应商百分比
·在指定工具上运行的工作百分比	·符合公司指导方针的采购百分比
·每位员工的材料明细错误数量	·从采购到交付的时间
·按图纸发布的工程变更订单百分比	·长期合同或"总合同"下的采购百分比
·按规格发布的材料规范变更百分比	·"有缺陷"或"拒收"的金额调整与采购金额的比值
·基于图纸 / 规格错误的设计或材料变更的工程变更请求百分比	·采购成本与采购金额的比值
·按时发布的文件（图纸、规格、工艺表等）的百分比	·采购成本与采购次数的比值
	·货物金额价值与采购金额的比值
生产计划或调度	·缺货百分比
·实际 / 计划进度偏差百分比	
·按时交货百分比	**管理信息系统**
·制造设施利用率百分比	·每位员工的数据录入 / 编程错误数量
·由于生产计划而导致的加班百分比	·按时发布报告的百分比
	·数据处理成本占销售额的比例
调度	·重新运行的次数
·资产回报率百分比	·每笔交易的总数据处理成本
·延迟订单的数量、重量或金额	·达到目标日期的百分比
·延交订单百分比	·处理问题报告的平均响应时间
·按时提交总体生产计划的百分比	·按类型的数据录入错误数量
	·在早上 8 点之前完成的非高峰工作百分比
生产计划	·终端用户在线可用（主要）百分比
·因等待物料而丧失的工时	·在线 3 s 响应时间的百分比
·在工作计划之前提前收到工作订单的的天数	·打印完成时间在 1 h 或更短的百分比
·部件和材料周转率百分比（年化）	

续表

采购	
·采购的美元金额	·可用的主要工作班次精确百分比
·采购部门处理的采购百分比	·可用的不间断电源百分比
·不同类型的采购金额百分比	·可用的安全设备百分比
·采购金额与销售额的百分比	·用户满意度调查评分
"急需"采购的百分比	·按时完成的应用程序百分比
·与最低报价不符的订单百分比	·按预算完成的应用程序百分比
·发货时选择"最经济"方式的订单百分比	·编程错误的纠正成本
·发货时选择"最快捷"方式的订单百分比	·编程错误的数量
·核实运输津贴的订单百分比	·维护所占时间的百分比
·订单价格与最初请购清单的差异百分比	·开发所占时间的百分比
	·维护预算的百分比
	·开发预算的百分比

注：摘自 Boyett and Conn (1988).

优势和局限性：这些测量方法是为数不多的针对白领工作而制定的方法之一，并按照以下准则制定：①"让白领员工参与制定他们自己的测量方法"（Boyett 和 Conn，1988）；②"测量结果，而非活动"；③"使用基于团队或小组的测量"；④"使用一系列的指标"。

数据要求：未说明。

阈值：未说明。

原书参考文献

Boyett, J.H., and Conn, H.P. Developing white-collar performance measures. *National Productivity Review. Summer*: 209-218,1988.

2.4.4　Charlton 空间控制系统人因绩效测量

概述：Charlton（1992）在空间控制系统中预测人因绩效所采用的评估包括三个阶段（准备阶段、联系执行阶段和联系终止阶段）和三个机组人员职位（地面控制员、任务控制员和规划分析员）。每个阶段和机组人员职位的测量指标如下所示：①准备阶段，地面控制员完成准备测试的时间和配置过程中的错误；②联系执行阶段，任务控制员终止跟踪时间和指挥时间；③联系执行阶段，规划分析员的通信持续时间；

④联系终止阶段，规划分析员的通信持续时间；⑤联系终止阶段，地面控制员的退出配置时间、返回资源时间和注销系统时间。

优势和局限性：这些测量指标在使用民用和空军卫星机组人员作为被试者的系列实验中进行了评估。

数据要求：使用问卷调查和基于计算机的评分表。

阈值：未说明。

原书参考文献

Charlton, S.G. Establishing human factors criteria for space control systems. *Human Factors* 34:485-501,1992.

2.4.5　驾驶参数

概述：驾驶参数包括驾驶员行为测量（例如，平均制动 RT、制动踏板误差、控制灯响应时间、制动反应次数、感知 - 响应时间、速度和方向盘倒转），以及总体系统绩效测量（例如，完成驾驶任务所需时间、跟踪误差）和观察测量指标（例如，车辆通过、使用交通信号灯）。需要指出的是，Green（2012）敦促对绩效测量及其相关统计使用标准定义。另外，汽车工程师协会（SAE）发布了驾驶绩效测量标准和统计数据的可操作性定义（2015 年 6 月 30 日发布，标准 J2944）。在一项后续研究中，Liu 和 Green（2017）比较了对前向碰撞警告与未发出警告两种情况时的的平均反应时的六种测量方法。结果显示，只有在测量从警告开始到反应结束的时间时，才会出现两种情况之间的显著差异。

优势和局限性：大多数研究者在一项研究中会同时使用多个驾驶参数。例如，Popp 和 Faerber（1993）使用了被试者在移动基座模拟器中直线驾驶时的速度、横向距离、纵向距离（距离前车）、各轴加速度、转向角、航向角以及被试者头部运动频率，用来评估收到语音命令的 4 种反馈信息。结果表明，在这些因变量与反馈信息类型之间的相关性没有显著差异。

2.4.5.1　平均制动 RT

人们已经使用"平均制动 RT"来确定交通环境中驾驶人员对事件的反应，并针对制动控制设计以及警告设计进行了评估，除此之外，人们还研究了驾驶员特征的影响。

交通事件反应：在早期的一项研究中，Johansson 和 Rumar（1971）对 321 名驾驶员在预期道路事件中的制动 RT 进行了测量，其中有 5 名驾驶员经历了 2 次相同情境。研究结果显示，在这些被试者中，制动 RT 的中位数为 0.9 s，有 25% 的驾驶员制动 RT 超过 1.2 s。除此之外，Sivak 等（1980）报告称，驾驶员对于单个（54.8%）和双个（53.2%）高置刹车指示灯的反应比传统刹车指示灯（31.4%）更高。然而，被试者的平均 RT 没有差异（分别为 1.39 s、1.30 s 和 1.38 s）。Luoma 等（1997）的研究表明，相比红色转向信号灯，驾驶员对黄色转向信号的制动 RT 较短。在类似的研究中，Sivak 等（1994）对霓虹灯、发光二极管（LED）和快速白炽刹车灯的 RT 进行了比较。当被试者进行跟踪任务时，这些灯在他们的周边视野中亮起，研究结果显示它们之间存在显著差异。

除此之外，Schrauf 等（2011）也报告称，在执行次要任务时，制动 RT 显著增加。该研究共纳入了 20 名驾驶员，这些驾驶员在一个封闭赛道上跟随一辆前车，其中，前车每隔 42.5 ~ 57.5 s 启动制动操作。驾驶员需要执行的次要任务是在呈现的有声图书中检测特定单词。

在基于前车的相关研究中，Brookhuis 等（1994）使用驾驶员对"前车速度改变"的 RT 作为驾驶员注意力的测量标准。Schweitzer 等（1995）则测量了 51 名年龄在 21 ~ 30 岁的驾驶员对前车做出反应的总制动时间。结果表明，60 km/h 和 80 km/h 的速度区间内，驾驶员对"前车速度改变"的 RT 不存在显著差异。然而，在 6 m 和 12 m 的跟车距离内，驾驶员对"前车速度改变"的 RT 存在显著差异（其中 6 m 跟车距离下 RT 更短）。同时在对前车未来动作了解程度（不了解、部分了解和完全了解）的比较中，不同条件所对应的驾驶员"前车速度改变"的 RT 也存在显著差异，其中完全了解的情况下 RT 最短。

除此之外，Engstrom 等（2010）在驾驶模拟器中实现了一个前导车辆制动场景。研究人员将制动响应时间分解为加速（油门）踏板释放时间和加速踏板到制动（刹车）踏板移动时间。结果显示，随着重复次数的增加，加速踏板释放时间显著减少，但对加速踏板到制动踏板移动时间没有显著影响。

Gugerty 等（2014）报告称，与没有警示灯相比，绿色交通信号灯变化所产生的警示效应会明显导致驾驶员采取更温和的减速行为。需要指出的是，该结论是基于两项模拟器研究得出。

制动控制和警示设计：Richter 和 Hyman（1974）在一项独特研究中比较了三种类型的控制器（脚踏控制器、手动控制器以及触发器控制器）下的制动 RT。结果显示，手动控制器下的制动 RT 最短。在一项类似的研究中，Snyder（1976）测量和比较了三种加速 - 制动踏板距离下的制动时间。结果显示，在横向距离为 6.35 cm、纵向距离为 5.08 cm 时，制动时间比横向距离为 10.16 cm 或 15.24 cm 且没有纵向距离的情况下更长。Morrison 等（1986）研究了制动器的放置位置对运动时间的影响，结果显示，从踩加速踏板到踩制动器的车辆移动时间会因制动器位置（低于油门导致车辆移动时间较短）和性别（除了制动位置低于加速踏板的情况外，女性车辆移动时间较长）存在显著差异。

Gray（2010）通过比较制动时间，就七种不同类型的听觉碰撞告警系统进行了分析。结果显示，这些系统之间存在显著差异，其平均制动时间在 0.56 ~ 0.90 s 不等。除此之外，在另一个基于驾驶模拟器的研究中，Mohebbi 等（2009）发现，当驾驶员在与他人交谈时，无论是听觉警告还是触觉警告，其制动时间都会显著延长。相比之下，当驾驶员没有交谈时，制动时间不会发生延长。

Neubauer 等（2012）指出，即使是在使用手机的情况下，驾驶员在驾驶全自动化车辆时的制动 RT 也比非自动化车辆更短。Kochhar 等（2012）的研究结果表明，在测试车辆中使用反向制动辅助装置（RBA）的被试者，在收到真实警告信号时，停车所需的时间为 0.6 s，而在收到误报信号时，98% 的被试者会在 0.8 s 内完成了停车。

驾驶员特征的影响：驾驶员特征包括年龄、训练和休息时间。

年龄因素：Korteling（1990）在实验室、固定道路和公路驾驶环境比较研究中，使用正确反应的 RT、错误百分比测量指标探索年龄对驾驶员绩效的影响。结果显示，年龄较大的驾驶员（年龄为 61 ~ 73 岁）和脑损伤患者的 RT 显著长于年轻的驾驶员（年龄为 21 ~ 43 岁）。在公路行驶环境中，驾驶员的 RT 显著长于实验室中的 RT。同时，刺激间隔（ISI）也会对实验结果产生显著影响，具体来说，最短 ISI 与最长 RT 相关。脑损伤患者犯的错误显著多于年长或年轻的驾驶员。

在另一项由作者 Korteling（1994）主导的研究中，使用了 4 项指标来评估驾驶员在车队中的跟车任务绩效，其中包括：①制动 RT；②两车速度之间相关性；③达到最大相关性所需的时间；④最大相关性。结果显示，脑损伤患者制动 RT 和延迟时间显著比年长或年轻驾驶员更长。当前车驾驶速度变化且道路蜿蜒时，相应制动 RT 最长。两个相关性指标表明，脑损伤患者和老年驾驶员两个相关性指标显著低于年轻驾驶员。

Szlyk 等（1995）的研究指出，随着年龄增长，驾驶员的制动响应时间显著增加。该研究使用模拟器收集数据，年龄和视力障碍并未对制动压力变化产生显著影响。除此之外，在另一项年龄相关的研究中，Lambert 等（2011）发现，老年驾驶员的制动反 RT 明显长于年轻驾驶员。该研究同样在驾驶模拟器中收集数据。

训练：Damm 等（2011）对传统培训的新手驾驶员、早期接受培训的新手驾驶员和有经验的驾驶员的制动时间进行了比较。结果显示，这三组在制动时间方面不存在显著差异。

Fitch 等（2010）在一个封闭测试赛道上测量了 64 名驾驶员的制动任务绩效，其中用来测量制动动作任务绩效的指标包括校正后的制动距离、感知时间、运动时间、制动时间、平均减速度、最大踏板位移时间和最大踏板力。结果显示，在预期障碍物制动时，训练会对驾驶员预期制动绩效产生显著影响。具体来说，年长的驾驶员制动距离较短。达到最大制动踏板位置所需时间最短的是年长男性和年轻女性驾驶员。除此之外，沃尔沃 S80 驾驶员的移动时间显著短于梅赛德斯奔驰 R350 驾驶员，最大制动踏板力也显著更大。在预期听觉警报时，男性的制动距离明显更短，年轻驾驶员和梅赛德斯奔驰 R350 驾驶员也是如此。男性驾驶员和年轻驾驶员的感知时间明显更短。沃尔沃 S80 的驾驶员制动时间显著缩短。最后，男性驾驶员最大制动踏板力明显更大，年轻驾驶员和沃尔沃 S80 驾驶员也是如此。Meng 等（2015）使用振动触觉信号进行前向碰撞警告。结果显示，当警告朝向躯干（而不是远离躯干方向）时，驾驶员的 RT 更短。

Gaspar 等（2012）使用行人过马路、车辆驶出、车辆转弯以及狗穿越马路的总响应时间作为评估年长驾驶员商业培训课程的指标。所得结果显示，培训课程组与对照组在这些指标上没有显著差异。

休息时间的影响：Drory（1985）报告了不同类型的次要任务所对应的平均制动RT 之间存在显著差异，并且该差异并不会受到驾驶员在模拟驾驶任务前休息时间长度的影响。

2.4.5.2　制动踏板错误

Rogers 和 Wierwille（1988）利用踏板操作错误的类型及频率来评估不同的制动踏板设计。在 72 h 的测试中共报告了 297 个错误。当踩下错误踏板或同时踩下两个踏板时会发生"严重错误"。当踏板干扰脚部动作时会发生"捕获错误"。如果干扰不大，则将该错误归类为"刮擦错误"。如果被试者未按照指示执行任务，则会发生"指示性错误"。

Vernoy 和 Tomerlin（1989）使用踏板错误，即"在被指示踩制动踏板时却踩下加速踏板"，来评估被试者对中心线的错误认知情况。结果显示，在评估使用的 8 种不同类型的汽车中，踏板错误没有显著差异。然而，8辆汽车中与中心线的偏差存在显著差异。最后，Wu 等（2014）报告称，年长驾驶员的踩踏板频率显著高于年轻驾驶员。

2.4.5.3 控制灯响应时间

Drory（1985）报告了在不同类型的次要任务下驾驶员对于控制灯响应时间存在显著差异。驾驶员进行模拟驾驶任务之前休息时间的长短并未对响应时间产生显著影响。虽然 Summala（1981）的实验中没有使用控制灯，但是他在道路上放置了一个小灯并测量了驾驶员启动避让动作所需的 RT。实验结果显示，驾驶员的 RT 约为 2.5 s，预计安全的上限为 3 s。除此之外，另一个相关的指标是驾驶员从自动驾驶车辆获得手动控制的时间（Funkhouser 和 Drews，2016）。

2.4.5.4 制动反应次数

Drory（1985）使用制动反应次数来评估不同类型的次要任务。所得结果显示，任务类型并不会对制动反应次数产生影响，而且驾驶员在进行模拟驾驶任务前获得的休息时间的长短也不会对制动反应次数产生显著影响。Gray（2010）使用平均制动次数，比较了针对 7 种不同类型的听觉碰撞警告。结果表明，警告类型（包括恒定强度警告、脉冲警告、渐进式警告、汽车喇叭、延迟警告、事实警告和提前警告）能够对制动次数产生显著影响。同年，Morgan 和 Hancock（2010）在驾驶模拟器中收集数据，发现与驾驶开始时相比，当导航系统失效后，制动输入会显著增加。

Attwood 和 Williams（1980）报告，与大麻或大麻和酒精同时使用时相比，酒后制动倒车率显著增加。这些数据来自 8 名男性驾驶员，他们驾驶着装有仪表的车辆在封闭的赛道上行驶。

2.4.5.5 碰撞次数

碰撞次数通常用于评估防撞系统、道路设计和驾驶员培训。

防撞系统：Gray（2010 年）比较了 7 种听觉碰撞警告。结果显示，警告类型（包括恒定强度警告、脉冲警告、渐进式警告、汽车喇叭、延迟警告、事实警告和提前警告）存在显著差异。Drew 和 Hayes（2010）使用从十字路迎面而来的车辆和车辆在转弯通过十字路口时后保险杠离开车道之间的时间来评估防撞系统。结果显示，在近车道中，使用图标、镜子和振动座椅等技术没有显著影响。然而，在远车道中，与图标技术相比，使用振动座椅的时间显著增加。

Stanton 等（2011）使用碰撞次数来比较使用分级减速显示器和标准制动灯时驾驶员的任务绩效。结果显示，在使用新型显示器时，485 次实验中仅发生了 5 次碰撞。在一项关于防撞系统（前向碰撞警告和车道变道合并警告）的测试轨道评估中，Fitch 等（2014）报告，当被试者同时接收到前向碰撞警告和车道变道合并警告时，他们从侧面撞击中脱离的操纵速度明显快于仅接收前向碰撞警告时。

由 Xiong 和 Zhao（2016）进行的一项新颖研究表明，同时使用两款打车软件的出租车驾驶员避免碰撞的时间要比不使用打车软件的驾驶员短。除此之外，Beller 等（2013）比较了给出领先车辆意图的不确定性估计和没有给出估计的情况下驾驶员的碰撞时间。前者的最短碰撞时间明显更长，数据均通过模拟器收集。同样在模拟器中，Inman 等（2016）报告了与采用协同自适应巡航控制时的碰撞时间，明显长于不采用协同自适应巡航控制时。除此之外，Muslim 和 Itoh（2017）比较了在驾驶模拟器中发生的侧面碰撞或追尾事故的数量，其中一种系统是带有触觉换道防撞系统，另一种系统是自动换道防撞系统。所涉及数据来自 48 名持有驾照的驾驶员，并且涉及三种危险换道情境，分别为：①盲区风险；②快速接近的跟随车辆；③盲区内前车突然停车。结果显示，上述两种系统都减少了情境①和③中的侧面碰撞数量，但在情境②中这两种系统均增加了侧面碰撞数量。

道路设计：Fitch 和 Hankey（2012）在一项自然驾驶研究中分析了接近碰撞的车道变道情况。结果显示，在右侧变道导致接近碰撞时，驾驶员穿过车道标记的时间明显小于那些没有接近碰撞事件发生的右侧车道变道。在接近碰撞的情况下，驾驶者使用转向灯的可能性也明显降低。与此相反，在接近碰撞的左侧车道变道和无碰撞风险的左侧车道变道之间，穿越车道标记的时间没有明显差异。对于左侧车道变道，无论是否存在接近碰撞的风险，驾驶者在使用转向灯方面也没有明显差异。

Wemeke 等（2014）评估了驾驶员接收碰撞警告所需的时间。结果显示，道路类型（城市、乡村、高速公路）并不会对碰撞时间产生显著影响，但警告时间会受到道路类型的影响。对于距离，主效应和交互作用均显著。同样使用碰撞时间，Lee 等（2016）发现，当视野没有缩小时碰撞时间显著延长。

驾驶员培训：Damm 等（2011）就传统培训新手驾驶员、早期培训新手驾驶员和有经验驾驶员的碰撞次数进行了比较。结果显示，一半的碰撞发生在传统培训新手驾驶员组中。Helton 等（2014）在一个独特的应用中，使用碰撞次数来评估无人驾驶地面车辆（UGVs）操作员的任务绩效。Read 和 Saleem（2017）报告称，当驾驶员使用虚拟现实头戴显示器或平面屏幕进行培训时，在停车任务中发生碰撞的数量比在现实世界驾驶培训时显著增加。

2.4.5.6 感知 – 响应时间

Olson 和 Sivak（1986）利用一辆安装有相应仪器的车辆，测量了驾驶员从首次发现障碍物到松开加速踏板并踩下制动踏板的感知 – 响应时间。该实验所涉及数据收集于一条乡村双车道公路。

2.4.5.7 速度

速度是用来评估驾驶员特征、道路配置、驾驶条件、非驾驶任务、车辆特性和感知的一个指标。

驾驶员特征：Szlyk 等（1995）在模拟器研究中发现随着年龄增长，驾驶员的速度显著降低。Lambert 等（2010）在另一项年龄研究中则报告，年长驾驶员与年轻驾驶员在速度方面并没有显著差异，该研究所涉及数据是在驾驶模拟器中收集获得。Reimer 等（2012）则在实际道路上，通过一辆安装了仪器的车辆收集数据，发现随着次要任务需求的增加，驾驶员速度显著降低，而年长驾驶员比年轻驾驶员的速度更慢。

Damm 等（2011）比较了传统培训下的新手驾驶员、早期接受培训的新手驾驶员和有经验的驾驶员的平均驾驶速度。结果显示，这三组在初始速度方面没有显著差异，但存在时间效应：在超车情境、对向车交叉情境、左转十字路口情境和停车情境中，初始速度先减小、然后在最后阶段增加。在行人情境中也有类似的效应，但差异并不显著。Krasnova 等（2016）使用平均最大速度来评估 3 种超速干预措施（预先培训、培训后立即干预、一周随访）对青少年驾驶员的有效性。

De Groot 等（2011）在最近的研究中，使用速度来评估目标和非目标反馈对驾驶行为的影响，其中研究所涉及数据均从驾驶模拟器中收集获得，被试者为 60 名没有驾驶执照的人员。结果显示，不同反馈会对被试者的驾驶速度产生显著影响（在第二次练习时速度较第一次和第三次练习时更慢）。

Attwood 和 Williams（1980）报告，当驾驶员在使用大麻时，其驾驶平均速度和中位数速度均会显著增加；而在同时使用酒精和大麻时，驾驶员驾驶平均速度和中位数速度均发生显著降低。该研究的数据来自装备相关仪器的车辆，被试者为 8 名男性驾驶员，测试环境为封闭测试赛道。

道路配置：Steyvers 和 de Waard（2000）的研究表明，在有路缘线的道路上，驾驶员行驶速度显著高于没有路缘线的道路。除此之外，他们还进行了另一项研究，结果也显示在存在路缘线的道路上，行驶速度显著增加。除此之外，Nowakowski 和 Sharafsaleh（2013）进行的实地研究发现，当路边动物穿越标志亮起时，驾驶员的行驶速度会显著降低。

Jeong 和 Liu（2017）在一项模拟驾驶研究中报告称，驾驶员在跟随其他车辆行驶时的平均速度显著高于自由行驶时的速度。除此之外，驾驶员在中等弯道（800 m 半径）中的平均速度也比急转弯（100 m 半径）中的平均速度高。

驾驶条件：在评估"警车的存在对于降低驾驶员超速行为方面的作用"时，Shinar 和 Stiebel（1986）应用了一系列的速度测量指标，包括速度、超速或低于限速、减速〔（原始速度 – 第 1 个站点速度）/ 原始速度 ×100〕和速度恢复〔（第 2 个站点速度 – 限速）/ 限速 ×100〕。在一项独特模拟器研究中，Chan 等（2014）发现，当广告牌上出现禁忌图片时，车辆速度和车道距离的均方根误差都会显著下降。

非驾驶任务：Reed 和 Green（1999）在一项使用模拟器和旧公路车辆的研究中发现，无论是在实际道路上还是在模拟器中，驾驶员在驾驶时拨打电话均会导致横向速度显著增加。在另一项模拟器研究中，McGough 和 Ma（2015）报告称，当手机放置在仪表板上时，速度偏差会显著减小，而将手机放在杯架、支柱或换挡杆等位置时则会导致更大的偏差。

Jongen 等（2011）指出，在驾驶模拟器中收集的数据显示，分心会导致车辆行驶速度降低。另外，在另一个模拟器研究中，Lee 等（2012）通过对来自 50 名被试者的数据进行分析后发现，当驾驶员从长播放列表（580 首歌曲）中搜索歌曲时，与对短播放列表（20 首歌曲）中搜索歌曲相比，速度变化会显著增加。该实验是在一个固定、中等保真度驾驶模拟器中进行。

车辆特征：Wilson 和 Anderson（1980）在封闭赛道和实际道路上，比较了车辆在使用子午线轮胎和斜交轮胎情况下的驾驶速度。结果显示，车辆在赛道上的平均速度与在实际道路上的平均速度之间没有显著的相关性。然而，该研究发现，车辆在测试赛道上的速度与驾驶员的年龄之间存在显著相关性。在实验过程中，相对于斜交轮胎，使用子午线轮胎可以显著提高行驶速度。

Morgan 和 Hancock（2010）也报告了速度在驾驶模拟器中的显著影响。结果显示，在导航系统失效前，驾驶员的速度比在驾驶之后或结束时要慢。速度差方面也有类似的结果。Clark 和 Feng（2015）在驾驶模拟器研究发现，在接近施工区时，驾驶员控制半自动驾驶汽车的最低速度存在显著差异，随着练习的增加，驾驶员的速度也会提高。在一项仪表化的车辆研究中，Reagan 等（2013）发现，当速度警报系统启动时，驾驶员超速行为会显著减少。

感知：Svenson（1976）报告指出，如果一条路中同时存在高速路段与低速路段，被试者会高估低速路段中车辆的速度。被试者是根据列车模型做出的估计，但结果可以推广到真实的驾驶情境。除此之外，在一项实地研究中，Salmon 等（2011）报告称超速是最常见的驾驶错误。

2.4.5.8 方向盘倒转

几十年来，方向盘倒转一直用于驾驶难度、驾驶员状态和车辆特征研究。

驾驶难度：Hicks 和 Wierwille（1979）报告称，转向回正对工作负荷敏感（例如，驾驶模拟器前方设置阵风模拟器）。He 和 McCarley（2011）还报告了在认知要求更高的任务中会出现更高的方向盘倒转率。该研究所涉及数据均在驾驶模拟器中收集获得。Reimer 等人（2012）报告称，在认知需求更高的条件下，方向盘倒转率增加。除此之外，年长驾驶员的方向盘倒转率比年轻驾驶员更高。这些数据均是在实际道路上通过装有记录仪器的车辆收集获得。

驾驶员状态：Drory（1985）报告称，与各种次要任务相关的方向盘倒转存在显著差异。然而，它不受驾驶员在模拟驾驶任务前休息时间的影响。类似地，Horne 和 Baumber（1991）报告称，时间或饮酒对横向修正转向运动均没有影响。De Groot 等（2011）使用方向盘倒转，对目标和非目标反馈的影响进行了评估。该研究结果显示，随着实践次数的增加，驾驶员方向盘倒转率会有所降低。

车辆特征：Frank 等（1988）使用大于 5 度的方向盘倒转次数、小于 5 度的方向盘倒转次数和偏航标准差（"模拟车辆纵向轴和瞬时道路切线之间在水平平面上的夹角"）来评估运动系统传输延迟和视觉系统传输延迟的影响。结果显示，上述 3 种驾驶员绩效测量指标都与传输延迟之间存在显著相关性。

Mulder 等（2012）在另一项驾驶模拟研究中比较了手动控制和触觉共享控制。结果显示，在触觉共享控制条件下，方向盘倒转率降低了 16%，方向盘角度标准差降低了 15%，这一发现表明，触觉共享控制能够提高驾驶员驾驶绩效。Samost 等（2015）发现，当使用智能手机进行视觉 - 手动呼叫方法时，主要方向盘倒转次数会显著增加，而使用智能手机或智能手表进行听觉 - 语音呼叫方法时则不会出现这种情况。

2.4.5.9 时间

时间是一个被广泛用于评估驾驶员特征、驾驶任务、道路设计、对交通状况的反应以及车辆设计的指标。

驾驶员特征：Stahl 等（2014）报告称，驾驶员自我评价的安全驾驶程度与碰撞时间之间没有显著相关性。

驾驶任务：Finnegan 和 Green（1990）回顾了五项测量车道越线时间（TLC）的研究。

对于这些研究，作者得出结论，对于单车道变道，需要 6.6 s 的视觉搜索时间，并且需要 1.5 s 的时间完成车道变换。使用另一项测量方法，Reed 和 Green（1999）报告称，驾驶员在驾驶模拟器中的车道保持不如在实际道路上准确。除此之外，当驾驶员在驾驶模拟器或实际道路上拨打电话时，其车道保持准确性也会降低。

道路设计：Godthelp（1986）基于现场研究数据报告称，TLC 描述了弯道行驶中的预期转向动作。在随后的一项研究中，Godthelp（1988）使用 TLC 评估了速度对于在车道边缘从忽略错误到纠正错误的驾驶策略的影响。

交通状况：Sidaway 等（1996）要求被试者观看事故录像后估计碰撞时间。被试者普遍低估碰撞时间。然而，随着速度的增加，碰撞时间估计会更加准确。

车辆设计：Gawron 等（1986）使用完成双车道变道时间和撞到路障的数量来评估侧面撞击缓冲层厚度（0 cm、7.5 cm、10 cm）、车道变道方向（左 / 右、右 / 左）和重复实验次数（1 到 12）。被试者完成左 / 右车道变道时间比右 / 左车道变道时间长。随着缓冲层厚度的增加，完成车道变道所需的时间也增加（0 cm=3.175 s，7.5 cm=3.222 s，10 cm=3.224 s）。对撞到电缆塔的数量没有显著影响。

Roge（1996）使用 TLC 来测量方向盘控制质量。该研究发现，戴无框眼镜的被试者具有更好的方向盘控制能力。除此之外，其他人也使用 TLC 来增强用于人类驾驶绩效的预览 - 预测模型。在这些模型中，TLC 等于车辆到达驾驶车道任一侧所需的时间。它由横向车道位置、航向角、车速和指令转向角计算得出（Godthelp 等，1984）。Godthelp 等（1984）在一辆装有仪器的汽车上对 TLC 进行了评估，在该研究中，6 名男性驾驶员以 6 种不同的速度（20 km/h、40 km/h、60 km/h、80 km/h、100 km/h 和 120 km/h）在未使用的直线四车道公路上行驶（带或不带遮阳板）。基于结果，作者认为 TLC 是测量开环驾驶性能的良好指标。

Lamble 等（1999）使用碰撞时间来评估车内显示器和控制器的位置。同样使用碰撞时间，vanWinsum 和 Heino（1996）报告称，碰撞时间信息被用于启动和控制制动。被试者是 54 名男性驾驶员，平均年龄为 29 岁，这些数据也是在驾驶模拟器中收集获得。

Yager 等（2012）报告，在一个封闭的赛道上，如果驾驶员在开车时发短信，那么相对于没有发短信的情况，前者对于车上安装的外围灯光反应的时间显著延长。在一项广泛的研究中，Gold 等（2013）比较了在高度自动化的驾驶模拟器或测试轨道上的高度自动化汽车中的对接管请求（以视听呈现）的反应时长度。作者得出的结论是，更短的接管时间通常会导致更快的决策。

Eriksson 和 Stanton（2017）对测量手动控制转换的研究进行了回顾。除此之外，这些作者还从位于南安普顿大学的固定式驾驶模拟器中收集了 26 名驾驶员的数据。这些驾驶员体验了 3 种条件：①手动控制；②高度自动化驾驶（HAD）；③带有辅助任务（阅读杂志）的 HAD。结果显示，没有辅助任务时，驾驶员从自动化到手动控制的转换最多需要 25.750 s，从手动控制到自动化的转换最多需要 23.884 s。在存在辅助任务时，模式切换所需最长时间会发生缩短，其中，从自动化到手动控制的转换最多需要 20.997 s，从手动控制到自动化的转换最多需要 23.221 s。

随着高度自动化汽车的普及，人们开始使用时间来评估人机界面。时间变量包括警报反应时、恢复控制时间以及释放控制时间（包括激活自动化和释放方向盘控制的时间）（Blanco，2015）。

2.4.5.10　跟踪误差

跟踪误差已被人们用来评估驾驶员特征、驾驶条件和道路设计的情况。

驾驶员特征：Korteling（1994）基于驾驶模拟器发现，年轻（21 ~ 34 岁）和年长（65 ~ 74 岁）驾驶员在横向位置标准差方面没有显著差异，但在跟车任务中，年长驾驶员的纵向标准差明显更大，方向盘控制方面的绩效也有所下降，但与跟车任务绩效无关。在另一项基于年龄的研究中，Lambert 等（2010）基于驾驶模拟器所得数据发现，年长驾驶员比年轻驾驶员趋向于保持更大的跟车距离。Gaspar 等（2012）使用平均跟车距离、前车安全间距和后车安全间距来评估年长驾驶员的商业培训课程。结果显示，在这些测量指标上，培训课程组和对照组之间没有显著差异。

Hollopeter 等（2012）报告称，男性新手驾驶员的车道保持变化显著大于女性新手驾驶员或有经验的男性驾驶员。该研究数据是在驾驶模拟器中收集获得。在另一项偏差测量中，同样基于驾驶模拟器获得的数据，Szlyk 等（1995）报告称，随着年龄的增长，横跨车道的次数会显著增加。Summala 等（1996）报告，当显示器靠近边缘而不是在驾驶模拟器的中间控制台时，新手驾驶员在车道保持方面的绩效比经验丰富的驾驶员差。

Damm 等（2011）比较了传统培训新手驾驶员、早期培训新手驾驶员和经验丰富驾驶员在车道位置上的情况。该研究发现，在超车场景中，有经验组比传统组更靠左行驶，在停放车辆的场景中也是如此；而在停放车辆的场景中，有经验组比早期组更靠右停车。不过，在行人场景、对向车辆穿过场景或左侧十字路口场景中没有显著的群体效应。

Drory（1985）使用驾驶模拟器，报告了各种次要任务与跟踪误差之间的显著差异。研究发现，这些差异并未受到驾驶员进行模拟驾驶任务前休息时间的影响。Atchley

和 Chan（2011）在驾驶模拟器中收集的数据表明，在同时进行口头任务时，车道保持绩效会得到提高。Hosking 和 Young（2009）报告使用手机检索和发送短信会增加跟车距离以及车道位置的变化。Libby 和 Chaparro（2009）也发现驾驶时发短信会导致车道位置的变化增加，而与此相比，打电话的影响则较小。在另一项类似研究中，Lee 等（2012）通过对来自 50 名被试者的数据进行分析后发现，当驾驶员从长播放列表（580 首歌曲）中搜索歌曲时，与对短播放列表（20 首歌曲）中搜索歌曲相比，会导致车道位置的标准偏差显著增加。该实验是在一个固定、中等保真度驾驶模拟器中进行。

Xiong 等（2012）使用最短时间间隔来比较保守、稳健及高风险的驾驶员行为。

基于驾驶模拟器获得的数据，Groot 等（2011）采用车道保持绩效就目标反馈和非目标反馈的影响进行了评估。该研究所采用的车道偏移测量标准为车辆在距离路中心 0.5 m 以内行驶的时间占总行驶时间的百分比。该研究的被试者为 60 名尚无驾照的人员。另一种关于车道偏移的测量标准是偏离道路的次数。结果显示，随着时间的推移，没有增强反馈的小组比有增强反馈的小组在达到目标时间百分比上有显著提高。除此之外，偏离目标的均方根误差与无增强反馈之间、以及偏离目标与达成目标之间均存在显著差异。但是在偏离道路次数方面并不存在显著影响。

Heimstra 等（1980）使用目标保持时间和偏离目标频率这两个相关指标，评估了香烟戒断对吸烟者的车道保持绩效的影响。结果发现两个指标均受到香烟戒断的显著影响。Horne 和 Baumber（1991）基于驾驶模拟器所得数据发现，酒精也会对平均跟车距离产生显著影响。

对驾驶条件的反应：在早期一项研究中，Hicks 和 Wierwille（1979）报告说，偏航偏差和横向偏差对工作负荷（即驾驶模拟器前方设置阵风模拟器）非常敏感。同样在驾驶模拟器研究中，Medeiros-Ward 等（2010）报告，在低（仅驾驶）、中（驾驶并执行数字分类任务）和高（驾驶并倒计数 3 s）3 种工作负荷条件下，驾驶员车道偏离行为存在显著差异。在低和中工作负荷条件下，驾驶员横穿车道次数明显增加，而在高工作负荷条件下则明显减少。除此之外，随着工作量的增加，驾驶员横向行驶距离显著减少。最后，低工作负荷条件下的驾驶员车道位置变化最大。

在另一个驾驶模拟器实验中，He 等（2011）报告，与无风条件相比，在大风条件下，驾驶员会将车辆开得更靠右，并且车道偏移的变化也更大。当被试者报告他们"走神"时，车速变化也显著小于专心时。但无论是风速还是"走神"状态，对于车辆的平均速度、车头与前车的距离以及接触前车的时间均没有显著影响。在 He 和 McCarley

（2011）报告称，在高负荷条件下驾驶模拟器时，车道偏移的变化（车道位置的标准偏差）显著降低。

在一项关于重型卡车驾驶员跟车行为的自然观察研究中，Bao 等（2012）发现，在车辆装有车内防撞警告系统的情况下，当车流密集时，车头时距显著延长（增加了 0.28 s）。开启雨刷时车头时距也有类似增加（增加了 0.20 s）。

Imbeau 等（1989）在一项驾驶模拟器研究中报告称，如果驾驶员未能正确完成显示器读取任务，则车道偏移的差异会减小。在另一项模拟器研究中，Dijsterhuis 等（2012）比较了在模拟器 HUD 上始终提供侧向位置反馈（非自适应）、仅在需要时提供（自适应）和完全不提供（无支持）时的车道保持绩效。结果显示，研究中的 31 名有经验驾驶员在自适应情况下倾向于更靠近道路中心（p=0.051），且自适应模式下车道位置的标准偏差明显小于非自适应模式，并且在自适应模式下车道边缘外行驶的时间比非自适应模式下减少 3%。Skottle 等（2014）在一项模拟器研究中报告称，驾驶高度自动化车辆后手动驾驶的侧向位置标准偏差显著增加。在比较不同的自动化水平（仅车道保持与带自适应巡航控制的车道保持）时，Shen 和 Neyens（2014）报告，在更高的自动化水平下，最大车道偏差显著增加。

Godthelp 和 Kappler（1988）的研究指出，驾驶员佩戴安全护目镜时，侧向位置的标准偏差比不佩戴时增加。该偏差会随着速度的增加而增加。Cloete 等（2012）的一项研究，通过评估地下采矿车辆时发现，操纵杆控制顺序不同会导致侧向偏差存在显著差异。Petermeijer 等（2014）则在中等保真度的驾驶模拟器中研究了不同水平的触觉转向支持对侧向误差的影响，发现存在显著差异，该研究的被试者为 32 名持有驾照的人员。

Crandall 和 Chaparro（2012）利用车辆偏离最佳路径的平均偏差来比较发送短信的影响（无发送短信、物理键盘发送短信、触摸屏发送短信）。结果显示，使用触摸屏键盘发送短信时的偏差显著大于使用物理键盘发送短信和不发送短信时的偏差。Yager 等（2012）发现，在封闭路线上行驶时，书写和读短信时的车道位置标准偏差显著大于没有写和读短信时的情况。Samost 等（2015）报告了当驾驶员使用智能手机进行视觉 - 手动呼叫时，车道位置标准差显著更大，而使用智能手机或智能手表的听觉 - 语音呼叫方法时，标准差更小。Stanton 等（2011）使用最小跟车距离来比较使用分级减速灯和标准制动灯的驾驶员绩效，结果显示，使用标准制动灯时的跟车距离比使用分级减速灯时的更安全。

道路设计：在一项早期研究中，Soliday（1975）测量了 12 名男性驾驶员在道路上车道位置保持情况。结果显示，驾驶员倾向于保持在车道中心，且在双车道道路上的摆动范围比在四车道道路上更大。Van Winsum（1996）基于驾驶模拟器所得数据发现，随着转弯半径的减小方向盘角度会增加，转向盘误差则随方向盘角度的增加而增加。

2.4.5.11　观测测量

1972 年，Wooller 观察了四名驾驶员在一条 11.72 英里的路线行驶过程中的驾驶行为，使用了以下几个测量指标：①行驶时间；②被超过的车辆数量；③超越其他车辆的数量；④横向位置变化；⑤交通信号灯使用情况；以及⑥车辆数量。结果显示，不同驾驶员之间存在着各自的行为模式，但是同一驾驶员在不同情况下的行为模式是一致的。2013 年，Aksan 等以中老年驾驶员为被试者，在安装了相关仪器的车辆中进行了对比分析，所涉及指标包括平均时速、横向加速度、纵向加速度和转向情况。结果显示，老年驾驶员行驶速度明显较慢，同时也应用了较少的横向和纵向加速度。然而，在转向方面，年龄对驾驶员的绩效没有显著影响。除此之外，老年驾驶员的变道、车道观察、速度控制、转弯以及转向灯误差的比例也比中年驾驶员更高。

数据要求：需要配备相应仪表的模拟器或车辆。

阈值：总时间从 0.1 ~ 1.8 s 不等（Olson 和 Sivak，1986）。

原书参考文献

［1］Aksan, N., Dawson, J.D., Emerson, J.L., Yu, L., Uc, EY., Anderson, S.W., and Rizzo, M. Naturalistic distraction and driving safety in older drivers. *Human Factors* 55 (4): 841-853,2013.

［2］Atchley, P., and Chan, M. Potential benefits and costs of concurrent task engagement to maintain vigilance: A driving simulator investigation. *Human Factors* 53 (1): 3-12,2011.

［3］Attwood, D.A., and Williams, R.D. Braking performance of drivers under the influence of alcohol and cannabis. Proceedings of the Human Factors Society 24th Annual Meeting,134-138,1980.

［4］Bao, S., LeBlanc, D.J., Sayer, J.R., and Flannagan, C. Heavy-truck drivers' following behavior with intervention of an integrated, in-vehicle crash warning system: A field evaluation. *Human Factors* 54 (5): 687-697,2012.

［5］Beller, J, Heesen, M, and Vollrath, M. Improving the driver-automation interaction: An approach using automation uncertainty. *Human Factors* 55 (6): 1130-1141, 2013.

［6］Blanco,M.,Atwood,J.,Vasquez,H.M.,Trimble,T.E.,Fitchett,V.L.,Radlbeck,J.,Fitch,G.M.,Russell,S. W.,Green,C.A., Cullinane, B., and Morgan, J.F. *Human Factors Evaluation of Level 2 and Level 3 Automated Driving Concepts (DOT HS 812 182)*. Washington, DC: National Highway Traffic Safety Administration, August 2015.

[7] Brookhuis, K., de Waard, D., and Mulder, B. Measuring driving performance by car-following in traffic. *Ergonomics* 37 (3): 427-434,1994.

[8] Chan, M., Madan, C.R., and Singhal, A. The effects of taboo-related distraction on driving performance. Proceedings of the Human Factors and Ergonomics Society 58th Annual Meeting,1366-1370,2014.

[9] Clark, H., and Feng, J. Semi-autonomous vehicles: Examining driver performance during the take-over. Proceedings of the Human Factors and Ergonomics Society 59th Annual Meeting,781-785,2015.

[10] Cloete, S., Zupanc, C., Burgess-Limerick, R., and Wallis, G. Steering performance and dynamic complexity in a simulated underground mining vehicle. Proceedings of the Human Factors and Ergonomics Society 56th Annual Meeting, 1341-1345,2012.

[11] Crandall, J.M., and Chaparro, A. Driver distraction: Effects of text entry methods on driving performance. Proceedings of the Human Factors and Ergonomics Society 56th Annual Meeting,1693-1697,2012.

[12] Damm, L., Nachtergaele, C., Meskali, M., and Berthelon, C. The evaluation of traditional and early driver training with simulated accident scenarios. Human Factors 53 (4): 323-337,2011.

[13] de Groot, S., de Winter, J.C.F., Garcia, J.M.L., Mulder, M., and Wieringa, P.A. The effect of concurrent bandwidth feedback on learning the lane-keeping task in a driving simulator. *Human Factors* 53 (1): 50-62,2011.

[14] Dijsterhuis, C., Stuiver, A., Mulder, B., Brookhuis, K.A., and de Waard, D. An adaptive driver support system: User experiences and driving performance in a simulator. Human Factors 54 (5):772-785,2012.

[15] Drew, D.A., and Hayes, C.C. In-vehicle decision support to reduce crashes at rural thru-stop intersections. Proceedings of the Human Factors and Ergonomics Society 54th Annual Meeting, 2028-2032,2010.

[16] Drory, A. Effects of rest and secondary task on simulated truck-driving task performance. *Human Factors* 27 (2): 201-207,1985.

[17] Engstrom, J., Aust, M.L., and Vistrom, M. Effects of working memory and repeated scenario exposure on emergency braking performance. *Human Factors* 52 (5): 551-559,2010.

[18] Eriksson, A., and Stanton, N.A. Takeover time in highly automated vehicles: Noncritical transitions to and from manual control. *Human Factors* 59 (1): 1-17, 2017.

[19] Finnegan, P., and Green, P. *The Time to Change Lanes: A Literature Review* (*UMTRI-90-34*). Ann Arbor, Michigan: The University of Michigan Transportation Research Institute, September 1990.

[20] Fitch, G.M. Blanco, M. Morgan, J.F., and Wharton, A.E. Driver braking performance to surprise and expected events. Proceedings of the Human Factors and Ergonomics Society 54th Annual Meeting, 2076-2080, 2010.

[21] Fitch, G.M., Bowman, D.S., and Llaneras, R.E. Distracted driver performance to multiple alerts in a multiple-conflict scenario. *Human Factors* 56 (8): 1497-1505,2014.

[22] Fitch, G.M., and Hankey, J.M. Investigating improper lane changes: Driver performance contributing to lane change near crashes. Proceedings of the Human Factors and Ergonomics Society 56th Annual Meeting, 2231-2235, 2012.

［23］Frank, L.H., Casali, J.G., and Wierwille, W.W. Effects of visual display and motion system delays on operator performance and uneasiness in a driving simulator. *Human Factors* 30 (2): 201-217,1988.

［24］Funkhouser, K., and Drews, F. Reaction times when switching from autonomous to manual driving control: A pilot investigation. Proceedings of the Human Factors and Ergonomics Society 60th Annual Meeting,1847-1851,2016.

［25］Gaspar, J.G., Neider, M.B., Simons, D.J., McCarley, J.S., and Kramer, A.F. Examining the efficacy of training interventions in improving older driver performance. Proceedings of the Human Factors and Ergonomics Society 56th Annual Meeting, 144-148, 2012.

［26］Gawron, VJ., Baum, A.S., and Perel, M. Effects of side-impact padding on behavior performance. *Human Factors* 28 (6), 661-671, 1986.

［27］Godthelp, H. Vehicle control during curve driving. *Human Factors* 28 (2): 211-221,1986.

［28］Godthelp, H. The limits of path error neglecting in straight lane driving. Ergonomics 31 (4): 609-619, 1988.

［29］Godthelp, H., and Kappler, W.D. Effects of vehicle handling characteristics on driving strategy. *Human Factors* 30 (2): 219-229, 1988.

［30］Godthelp, H., Milgram, P., and Blaauw, G.J. The development of a time-related measure to describe driving strategy. *Human Factors* 26 (3): 257-268,1984.

［31］Gold, G., Dambock, D., Lorenz, L., and Bengler, K. "Take over!" how long does it take to get the driver back into the loop? Proceedings of the Human Factors and Ergonomics Society 57th Annual Meeting, 1938-1942, 2013.

［32］Gray, R. Looming auditory collision warnings for driving. *Human Factors* 53 (1): 63-74,2010.

［33］Green, P. Using standards to improve the replicability and applicability of driver inter-face research. Proceedings of the 4th lnternational Conference on Automotive User Interfaces and Interactive Vehicular Applications (AutomotiveUI'12) 15-22, 2012.

［34］Gugerty, L., Mclntyre, S.E., Link, D., Zimmerman, K., Tolani, D., Huang, P., and Pokorny, R.A. Effects of intelligent advanced warnings on drivers negotiating the Dilemma Zone. *Human Factors* 56 (6): 1021-1035, 2014.

［35］He, J., Becic, E., Lee, Y., and McCarley, J.S. Mind wondering behind the wheel: Performance and occulometer correlates. *Human Factors* 53 (1): 13-21,2011.

［36］He, J., and McCarley, J.S. Effects of cognitive distraction on lane-keeping performance loss or improvement? Proceedings of the Human Factors and Ergonomics Society 55th Annual Meeting,1894-1898,2011.

［37］Heimstra, N.W., Fallesen, JJ., Kinsley, S.A., and Warner, N.W. The effects of deprivation of cigarette smoking on psychomotor performance. Ergonomics 23 (11): 1047-1055,1980.

［38］Helton, W.S., Head, J., and Blaschke, B.A. Cornering law: The difficulty of negotiating corners with an unmanned ground vehicle. Human Factors56 (2): 392-402,2014.

［39］Hicks, T.G., and Wierwille, W.W. Comparison of five mental workload assessment procedures in a moving-base driving simulator. *Human Factors* 21 (2): 129-143, 1979.

［40］Hollopeter, N., Brown, T., and Thomas, G. Differences in novice and experienced driver response to lane departure warnings that provide active intervention. Proceedings of the Human Factors and Ergonomics Society 56th Annual Meeting,2216-2220,2012.

[41] Horne, J.A., and Baumber, C.J. Time-of-day effects of alcohol intake on simulated driving performance in women. *Ergonomics* 34 (11): 1377-1383, 1991.

[42] Hosking, S.G., and Young, K.L. The effects of text messaging on young drivers. *Human Factors* 51 (4): 582-592, 2009.

[43] Imbeau, D., Wierwille, W.W., Wolf, L.D., and Chun, G.A. Effects of instrument panel luminance and chromaticity on reading performance and preference in simulated driving, *Human Factors* 31 (2):147-160,1989,

[44] Inman. VW., Jackson, S., and Philips, B.H. Driver performance in acooperative adaptive cruise control string. Proceedings of the Human Factors and Ergonomics Society 60th Annual Meeting,1183-1187,2016.

[45] Jeong, H., and Liu, Y. Horizontal curve driving performance and safety affected by road geometry and lead vehicle. Proceedings of the Human Factors and Ergonomics Society Annual Meeting,1629-1633,2017.

[46] Johansson, G., and Rumar, K. Driver's brake reaction times. *Human Factors* 13 (1): 23-27,1971.

[47] Jongen, E.M.M., Brijs, K., Mollu, K., Brijs, T., and Wets, G. 70 km/h speed limits on former 90 km/h roads: Effects of sign repetition and distraction on speed. *Human Factors* 53 (6): 771-785, 2011.

[48] Kochhar, D.S., Talamonti, W.J., and Tijerina, L. Driver response to unexpected automatic/haptic warning while backing. Proceedings of the Human Factors and Ergonomics Society 56th Annual Meeting, 2211-2215, 2012.

[49] Korteling, J.E. Perception-response speed and driving capabilities of brain-damaged and older drivers. *Human Factors* 32 (1): 95-108, 1990.

[50] Korteling, J.E. Effects of aging, skill modification, and demand alternation on multiple task performance. *Human Factors* 36 (1): 27-43,1994.

[51] Krasnova, O., Molesworth, B., and Williamson, A. Understanding the effect of feed-back on young drivers' speeding behavior. Proceedings of the Human Factors and Ergonomics Society 60th Annual Meeting,1979-1983,2016.

[52] Lambert, A.E., Watson, J.M., Cooper, J.M., and Strayer, D.L. The roles of working memory capacity, visual attention and ageing driving performance. Proceedings of the Human Factors and Ergonomics Society 54th Annual Meeting, 170-174, 2010.

[53] Lamble, D., Laakso, M., and Summala, H. Detection thresholds in car following situations and peripheral vision for positioning of visually demanding in-car dis-plays. *Ergonomics* 42 (6): 807-815, 1999.

[54] Lee, J., Itoh, M., and Inagaki, T. Effectiveness of driver compensation to avoid vehicle collision under visual field construction. Proceedings of the Human Factors and Ergonomics Society 60th Annual Meeting, 1904-1908, 2016.

[55] Lee, J.D., Roberts, S.C., Hoffman, J.D., and Angell, L.S. Scrolling and driving: How an MP3 player and its aftermarket controller affect driving performance and visual behavior. *Human Factors* 54 (2): 250-263, 2012.

110

［56］Libby, D., and Chaparro, A. Text messaging versus talking on a cell phone: A comparison of their effects on driving performance. Proceedings of the Human Factors and Ergonomics Society 53rd Annual Meeting, 1353-1357, 2009.

［57］Liu, K., and Green, P. The conclusion of a driving study about warnings depends upon how response time is measured, Proceedings of the Human Factors and Ergonomics Society Annual Meeting, 1876-1880, 2017.

［58］Luoma, J., Flannagan, M.J., Sivak, M., Aoki, M., and Traube, E.C. Effects of turn-signal colour on reaction time to brake signals. *Ergononics*, 40 (1): 62-68,1997.

［59］McGough, B., and Ma, W. Assessment of in-vehicle cellphone locations in influencing driving performance and distraction. Proceedings of the Human Factors and Ergonomics Society 59th Annual Meeting,1588-1592,2015.

［60］Medeiros-Ward, N., Seegmiller, J., Cooper, J., and Strayer, D. Dissociating eye movements and workload on lateral lane position variability. Proceedings of the Human Factors and Ergonomics Society 54th Annual Meeting,2067-2070,2010.

［61］Meng, F., Gray, R., Ho, C., Ahtamad, M., and Spence, C. Dynamic vibrotactile signals for forward collision avoidance warning systems. *Human Factors* 57 (2): 329-346, 2015.

［62］Mohebbi, R., Gray, R., and Tan, H.Z. Driver reaction time to tactile and auditory rear-end collision warnings while talking on a cell phone. *Human Factors* 51 (1): 102-110,2009.

［63］Morgan, J.F., and Hancock, P.A. The effect of prior task loading on mental workload: An example of hysteresis in driving. *Human Factors* 53 (1): 75-86, 2010.

［64］Morrison, R.W., Swope, J.G., and Malcomb, C.G. Movement time and brake pedal placement. *Human Factors* 28 (2): 241-246, 1986.

［65］Mulder, M., Abbink, D.A., and Boer, E.R. Sharing control with haptics: Seamless driver support from manual to automatic control. *Human Factors* 54 (5): 786-798, 2012.

［66］Muslim, H., and Itoh, M. Human factor issues associated with lane change collision avoidance systems: Effects of authority, control, and ability on drivers' performance and situation awareness. Proceedings of the Human Factors and Ergonomics Society Annual Meeting, 1634-1638, 2017.

［67］Neubauer, C., Matthews, G., and Saxby, D. The effects of cell phone use and automation on driver performance and subjective state in simulated driving Proceedings of the Human Factors and Ergonomics Society 56th Annual Meeting, 1987-1991, 2012.

［68］Nowakowski. C., and Sharafsaleh, M.A. Preliminary evaluation of drivers' responses to a roadside animal warning system Proceedings of the Human Factors and Ergonomics Society 57th Annual Meeting, 1953-1957, 2013.

［69］Olson, P.L., and Sivak, M. Perception-response time to unexpected roadway hazards. *Human Factors* 28 (1): 91-96, 1986.

［70］Petermeijer, S.M., Abbink, D.A., and deWinter, J.C.F. Should drivers be operating within an automation-free bandwidth? Evaluating haptic steering support systems with different levels of autherity. *Human Factors* 57 (1): 5-20, 2014.

［71］Popp, M.M., and Faerber, B. Feedback modality for nontransparent driver control actions: Why not visually? In A.G.Gale, J.D., Brown, C.M., Haslegrave, H.W., Kruysse, and S.P. Taylor (Eds) . *Vision in Vehicles-IV* (pp.263-270) .Amsterdam: North-Holland, 1993.

[72] Read, J.M., and Saleem, J.J. Task performance and situation awareness with a virtual reality head-mounted display. Proceedings of the Human Factors and Ergonomics Annual Meeting,2105-2109,2017.

[73] Reagan, I.J., Bliss, J.P., Van Houten, R., and Hilton, B.W. The effects of external motivation and real-time automated feedback on speeding behavior in a naturalistic setting. *Human Factors* 55 (1):218-230,2013.

[74] Reed, M.P., and Green, P.A. Comparison of driving performance on-road and in a low-cost simulator using a concurrent telephone dialing task. *Ergonomics* 42 (8): 1015-1037, 1999.

[75] Reimer, B., Mehler, B., and Coughlin, J.F. A field study on the impact of variations in short-term memory demands on drivers' visual attention and driving performance across three age groups. *Human Factors* 54 (3): 454-468, 2012.

[76] Richter, R.L., and Hyman, W.A. Research note: Driver's brake reaction times with adaptive controls. *Human Factors* 16 (1): 87-88, 1974.

[77] Roge, J. Spatial reference frames and driver performance. *Ergonomics* 39 (9): 1134-1145, 1996.

[78] Rogers, S.B., and Wierwille, W.W. The occurrence of accelerator and brake pedal actuation errors during simulated driving. *Human Factors* 30 (1): 71-81,1988.

[79] Salmon, P.M., Young, K.L., and Lenne, M.G. Investigating the role of roadway environment in driving errors: An on road study. Proceedings of the Human Factors and Ergonomics Society 55th Annual Meeting,1879-1883,2011.

[80] Samost, A., Perlman, D., Domel, A.G., Reimer, B., Mehler, B., Mehler, A., Dobres, J., and McWilliams, T. Comparing the relative impact of Smart watch and Smart phone use while driving on workload, attention, and driving performance. Proceedings of the Human Factors and Ergonomics Society 59th Annual Meeting, 1602-1606, 2015.

[81] Schrauf, M., Sonnleitner, A., Simon, M., and Kinces, W.E. EEG alpha spindles as indicators for prolonged brake reaction tirne during auditory secondary tasks in a real road driving study. Proceedings of the Human Factors and Ergonomics Society 55th Annual Meeting, 217-221, 2011.

[82] Schweitzer, N., Apter, Y., Ben-David, G., Lieberman, D.G., and Parush, A. A field study on braking responses during driving. II. Minimum driver braking times. *Ergonomics* 38 (9): 1903-1910, 1995.

[83] Shen, S., and Neyens, D.M. Assessing drivers' performance when automated driver support systems fail with different levels of automation. Proceedings of the Human Factors and Ergonomics Society 58th Annual Meeting, 2068-2072, 2014.

[84] Shinar, D., and Stiebel, J. The effectiveness of stationary versus moving police vehicles on compliance with speed limit. *Human Factors* 28 (3): 365-371, 1986,

[85] Sidaway, B., Fairweather, M., Sekiya, H., and McNitt-Gray, J. Time-to-collision estimation in a simulated driving task. *Human Factors* 38 (1): 101-113, 1996.

[86] Sivak, M., Flannagan, M.J., Sato, T., Traube, E.C., and Aoki, M. Reaction times to neon, LED, and fast incandescent brake lamps. *Ergonomics* 37 (6): 989-994, 1994.

[87] Sivak, M., Post, D.V., Olson, P.L., and Donohoe, R.J. Brake responses of unsuspecting drivers to high-mounted brake lights. Proceedings of the *Human* Factors Society, 139-142, 1980.

［88］Skottle, E.M., Debus, G., Wang, L., and Huestegge, L. Carryover effects of highly automated convoy driving on subsequent manual driving performance. *Human Factors* 56 (7): 1272-1283,2014.

［89］Snyder, H.L. Braking movement time and accelerator-brake separation. *Human Factors* 18 (2): 201-204, 1976.

［90］Society of Automotive Engineers Operational definitions of driving performance measures and statistics (Standard J2944) .June 30, 2015.

［91］Soliday, S.M. Lane position maintenance by automobile drivers on two types of high-way. *Ergonomics* 18 (2): 175-183, 1975.

［92］Stahl, P., Donmez, B., and Jamieson, G.A. Correlations among self-reported driving characteristics and simulated driving performance measures. Proceedings of the Human Factors and Ergonomics Scociety 58th Annual Meeting, 2018-2022, 2014.

［93］Stanton, N., Lew, R., Boyle, N., Dyre, B.P., and Bustmante, E.A. An implementation of a Graded Deceleration Display in a brake light warning system. Proceedings of the Human Factors and Ergonomics Society 55th Annual Meeting, 1573-1577, 2011.

［94］Steyvers, FJ.J.M., and de Waard, D. Road-edge delineation in rural areas: Effects on driving behavior. *Ergonomics* 43 (2): 223-238, 2000.

［95］Summala, H. Drivers' steering reaction to alight stimulus on a dark road. *Ergonomics* 24 (2): 125-131, 1981.

［96］Summala, H., Nieminen, T., and Punto, M. Maintaining lane position with peripheral vision during in-vehicle tasks. *Human Factors* 38 (3): 442-451, 1996.

［97］Svenson, O. Experience of mean speed related to speeds over parts of a trip *Ergonomics* 19 (1): 11-20, 1976.

［98］Szlyk, J.P., Seiple, W., and Viana, M. Relative effects of age and compromised vision on driving performance. *Human Factors* 37 (2): 430-436, 1995.

［99］van Winsum, W. Speed choice and steering behavior in curve driving. *Human Factors* 38 (3): 434-441, 1996.

［100］van Winsum, W., and Heino, A. Choice of time-headway in car-following and the role of time-to-collision information in braking. *Ergonomics* 39 (4): 579-592, 1996.

［101］Vernoy, M.W., and Tomerlin, J. Pedal error and misperceived centerline in eight different automobiles. *Human Factors* 31 (4): 369-375, 1989.

［102］Wemeke, J., Kleen, A., and Vollrath, M. Perfect timing: Urgency, not driving situations, influence the best timing to activate warnings. *Human Factors* 56 (2): 249-259, 2014.

［103］Wilson, W.T., and Anderson, J.M. The effects of tyre type on driving speed and presumed risk taking. *Ergonomics* 23 (3): 223-235, 1980.

［104］Wooller, J. The measurement of driver performance. *Ergonomics* 15 (1): 81-87, 1972.

［105］Wu, J., Yang, Y., and Yoshitake, M. Pedal errors among younger and older individuals during different pedal operating conditions. *Human Factors* 56 (4): 621-630, 2014.

［106］Xiong, H., Boyle, L.N., Moeckli, J., Dow, B.R., and Brown, T.L. Use patterns among early adopters of adaptive cruise control. *Human Factors* 54 (5): 722-733, 2012.

［107］Xiong, Y., and Zhao, G. Taxi-hailing apps: Negative impacts on taxi driver performance. Proceedings of the Human Factors and Ergonomics Society 60th Annual Meeting,1950-1994,2016.

［108］Yager, C.E., Cooper, J.M., and Chrysler, S.T. The effects of reading and writing text-based messages while driving. Proceedings of the Human Factors and Ergonomics Society 56th Annual Meeting, 2196-2200, 2012.

2.4.6 伊士曼柯达公司任务处理测量

概述：1986 年，伊士曼柯达公司开发了一个包含 8 项指标的测量方法，用于评估在重复装配、包装或处理任务中的工作绩效。人们将 8 项测量指标分为以下两类：①班次生产力测量，其中包括不同强度的工作时间和（或）暴露时间的每班次总单位数、与标准比较的每小时单位数、任意工作休息或次要工作的时间量、浪费数量以及工作中断、干扰和事故等；②输出质量测量，其中包括遗漏的缺陷 / 交流、不当行动和未完成的工作。

优势和局限性：这些测量非常适合于重复的公开任务，但可能不适用于维护或监控任务。

数据需求：任务必须要求可观察行为。

阈值：未说明。

原书参考文献

Eastman Kodak Company. *Ergonomic Design for People at Work.* New York: Van Nostrand Reinhold, 1986.

2.4.7 Haworth-Newman 航电显示易读性量表

概述：Haworth-Newman 航电显示易读性评分标准（图 2.1）基于库珀 - 哈珀评定量表。因此，其具有三层深度分支，可以对相关对象进行系统评级［从 1（优秀）~ 10（严重不足）］。

优势和局限性：该评分标准易于使用。它已经在航电符号有限性系统退化（如掩蔽）中得到验证（Chiappetti，1994）。该验证研究提出以下建议：①提供更精确的易读性定义；②使用接受过更好培训的被试者验证评分标准；③使用更逼真的显示；④使用显示分辨率、符号亮度和符号大小来改善易读性。

数据要求：在评分过程中，被试者面前必须有一份该评分标准的副本。

阈值：1（优秀）~ 10（严重不足）。

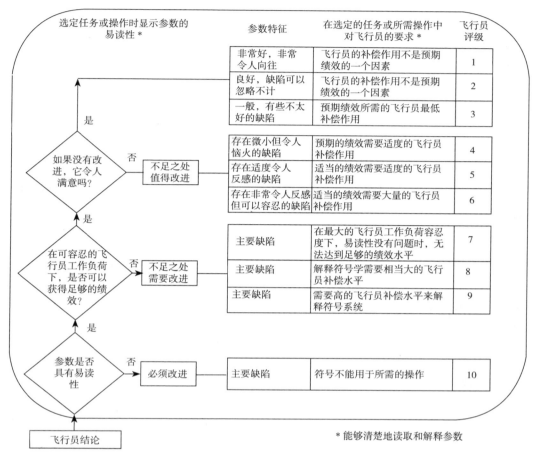

图 2.1　Haworth-Newman 航电显示易读性量表

（摘自 Haworth，1993）

原书参考文献

Chiappetti, C.F. Evaluation of the Haworth-Newman avionics display readability scale. Thesis, Naval Postgraduate School, Monterey, California; September 1994.

2.5　关键事件

第五类是关键事件，通常用于评估最坏情况下的操作绩效。

概述：关键事件技术包括一套从观察到的行为中收集数据的规范。这些规范内容如下。

（1）观察员必须具备：①有关活动的知识。②与被观察对象的关系。③参加过相关培训。

（2）被观察的群体：①一般说明。②位置。③人员。④次数。⑤条件。

（3）需要观察的行为重点：①活动的一般类型。②具体行为。③与总体目标的相关性。④对总体目标的重要性。

（Flanagan, 1954, p.339）

优势和局限性：自 1947 年以来，该评估方法一直被成功使用，具有较高灵活性，但只能应用于可观察的绩效活动。

数据要求：必须罗列出该评估方法的使用规范。

阈值：未说明。

2.6 团队绩效

绩效测量的最后一个类别是团队绩效测量，该指标用来评估两人或多人协同完成任务的能力。这些测量假设人在团队中的不同位置会影响团队绩效。

Brannick 等（1997）出版了一本书，概述了团队绩效测量中的理论和经验教训。在该书中，Tesluk 等（1997）确定了团队工作流程（集合 / 累加效应、顺序、互惠、集中）和信息来源（领导者、下属、同事、主管、经理以及外部专家）的问题。后者可以通过调查、观察、访谈和档案的形式获得。这些作者还确定了影响团队绩效的问题（选拔、培训、工作设计、动机和领导力）。Marshall 等（2015）提出了团队合作的九个重点：①合作；②冲突；③协调；④沟通；⑤指导；⑥认知；⑦组成；⑧文化；⑨背景。

实际上有数百种团队绩效的测量方法。其中大多数是为生产团队开发的。例如：①缺陷百分比；②事故数量；③预算成本和实际成本之间的差异；④客户满意度。一些书籍可以帮助团队制订测量团队绩效的方法（Jones 和 Schilling，2000）。Jones 和 Schilling（2000）提出了测量团队绩效的 7 个原则：使团队战略与组织保持一致，激发解决问题的能力以提高绩效，利用测量技术来聚焦团队会议，测量关键项目，确保团队成员理解测量方法，让客户参与测量方法的开发，以及关注每个成员的工作。

在另一本书中，Heinemann 和 Zeiss（2002）指出了在医疗保健环境中测量团队绩效所面临的困难：①许多测量方法是专有的，需要签订合同并接受培训才能使用；②这些测量方法没有以标准化的方式报告，使得它们之间难以进行直接比较；③许多测量方法是为其他行业开发的，与医疗保健行业不相关；④关于这些测量方法的信息分散在不同学科的文献中。

最后，关于计算机化团队绩效在评估军事任务绩效方面的应用，可以参考Lawson 等（2012）的综述研究。

原书参考文献

［1］Brannick, M.T., Salas, E., and Prince, C. Team Performance Assessment and Measurement Theory Methods, and Applications. Mahwah, New Jersey: Lawrence Erlbaum Associates, 1997.

［2］Heinemann, G.D., and Zeiss, A.M. *Team Performance in Health Care Assess and Development*. New York, New York: Kluwer Academic/ Plenum Publishers, 2002.

［3］Jones, S.D., and Schilling, D.J.M. *Measuring Team Performance*. San Francisco, California: Jossey-Bass, 2000.

［4］Lawson, B.D., Kelley, A.M., and Athy, J.R. *A Review of Computerized Team Performance Measures to Identify Military – Relevant, Low-to-Medium Fidelity Tests of small Group Effectiveness during Shared Information Processing* (*USAARL 2012-11*). Fort Detrick, Maryland: United States Army Medical Research and Material Command, May 2012.

［5］Marshall, A., Tisbey, T., and Salas, E. Teamwork and team performance measurement. In J.R. Wilson and S. Sharples (Eds.) *Evaluation of Human Work* (pp. 515-548). Boca Raton: CRC Press, 2015.

［6］Tesluk,P., Mathieu, J.E., and Zaccaro, S.J. Task and aggregation in the analysis and assessment of team performance. In M.T. Brannick, E. Salas, and C. Prince (Eds.) *Team Performance Assessment and Measurement Theory, Methods, and Applications* (pp. 197-224). Mahwah, New Jersey: Lawrence Erlbaum Associates, 1997.

2.6.1　Cicek、Koksal 和 Ozdemirel 的团队绩效测量模型

概述：团队绩效测量模型将团队绩效划分为了 4 个维度：①结构；②过程；③输出；④输入。Cicek 等（2005）根据 Champion 等（1993）、O'Brien 和 Walley（1994）以及 Storey（1989）的研究识别出那些通过实施全面质量管理策略来提高组织效率和产品质量的团队，并将这些团队的特点划分成了 4 个维度。结构测量由团队成员按照 Cicek（1997）列出的与明确目标、沟通和冲突管理、融入度和社会关系、群体决策和参与感、知识和技能、文化、动机和管理相关的行为清单对自己所在团队进行评分，采用 0 到 100 点评分。过程测量包括来自重要操作和关键过程操作结果的数据。输出测量包括客户满意度和基于客户预望的客观测量，如服务时间等。输入测量是对原材料质量、信息、设备、服务和管理支持的评分。

优势和局限性：在医院环境中，该行为问卷具有较高的信度（Cicek, 1997）。该模型已应用于一家医院的神经科学团队，发现其具有较高的信度（Cicek, 等，2005）。

数据要求：Cicek 行为清单（1997），被评估团队使用的流程，以及输入和输出测量。

阈值：未说明。

原书参考文献

［1］Champion, M.A., Medsker, G.J., and Higgs, A.C. Relations between workgroup characteristics and effectiveness: Implications for designing effective workgroups. *Personnel Psychology* 46(3): 823-850, 1993.

［2］Cicek, M.C. A model for performance measurement of total quality teams and an application in a private hospital. Master of Science Thesis, Middle East Technical University, Ankara, 1997.

［3］Cicek, M.C., Koksal, G., and Ozdemirel, N.E. A team performance measurement model for continuous improvement. *Total Quality Management* 16(3): 331-349, 2005.

［4］O'Brien, P., and Walley, P. Total quality teamworking: What's different? *Total Quality Management* 5(3): 151-160, 1994.

［5］Storey, R. Team Building: A Manual for Leaders and Trainers. British Association for Commercial and Industrial Education, 1989.

2.6.2 集体实践评估工具

概述：CPAT 由英国国防部开发。这是一系列由领域专家（subject matter experts, SME）完成的用于评估机组人员能力的系列调查问卷。这些问卷包括：

（1）阶段规划能力评定。用于评估领导力、信息使用、时间管理和决策能力。

（2）简短评估。用于评估简报的清晰度和准确性。

（3）评估标准。对 31 项标准进行评定，包括有效性和目标实现。

（4）集体汇报评估。用于评估汇报的清晰度和准确性。

（5）培训目标。对机组人员支持培训的程度进行评分。

（6）互相评估信任水平（Gehr 等，2004）。

优势和局限性：CPAT 已在美国空战中心广泛使用，但是没有最终确定的版本。此外，如果调查是手动进行的，调查的完成和分析需要花费大量时间。

数据要求：问卷结果。

阈值：未说明。

原书参考文献

Gehr, S.E., Schreiber, B., and Bennett, W. Within-simulator training effectiveness evaluation. Proceedings of Interservice/ Industry Training, Simulation and Education Conference (I/ITSEC), 1652-1661, 2004.

2.6.3　指挥与控制小组绩效测量

概述：Entin 等（2001）将以下指标应用于评估 4 个不同团队在指挥与控制方面的任务绩效：①摧毁的敌人资产价值；②自身资产价值减少情况；③未摧毁的友军资产数量；④友军资产因敌方火力而损失的数量；⑤因燃料耗尽而损失的友军资产数量；⑥友军行动摧毁的敌方资产数量；⑦杀伤率；⑧空中加油完成率；⑨资源转移量；⑩资源消耗量；⑪发送的电子邮件数量；⑫接收的电子邮件数量。

在另一个研究中，Proaps 和 Bliss（2010）通过速度、准确性和效率来评估团队在搜索任务中的绩效。速度是找到目标的时间，准确性是能否找到正确目标，效率是团队成员离开通向目标路径的次数。研究者发现，相比简单任务，在困难任务中团队要花费更长的时间，但是在准确性和效率上并没有显著差异。

Proaps 和 Bliss（2011）评估了计算机游戏中分布式团队的绩效。该游戏要求两人团队在干扰物中寻找目标。难度通过改变干扰物的数量来控制，任务绩效通过时间和错误率来计算。

优势和局限性：Entin，Serfaty，Elliott 和 Schiflett（2001）的研究并没有介绍结果分析。

数据要求：资产状态和电子邮件统计。

阈值：未说明。

原书参考文献

［1］Entin, E.B., Serfaty, D., Elliott, L.R., and Schiflett, S.G. *DMT-RNet: An Internet-Based Infrastructure for Distributed Multidisciplinary Investigations of C2* Performance. Brooks Air Force Base, Texas: Air Force Research Laboratory, 2001.

［2］Proaps, A., and Bliss, J. Team performance as a function of task difficulty in a computer game. Proceedings of the Human Factors and Ergonomics Society 54th Annual Meeting, 2413-2416, 2010.

［3］Proaps, A., and Bliss, J. Distributed team performance in a computer game: The implications of task difficulty. Proceedings of the Human Factors and Ergonomics Society 55th Annual Meeting, 2173-2177, 2011.

2.6.4 成绩表

概述：成绩表包含 40 个项目，由自己、同伴和教员进行打分。与空战相关的项目包括：雷达机械、战术、战术拦截、通信、相互支援和飞行领导力。这 40 个项目的评级标准为：不适用、不安全、缺乏能力或知识、熟练度有限，能发现和纠正错误，以及提高正确率的能力。

优势和局限性：Krusmark 等（2004）将 148 名 F-16 飞行员分为 32 个小组执行空战任务，每组有 4 架飞机。7 名 F-16 的专家使用成绩表对团队表现进行评分。评分者间的平均信度较小，为 0.42。但是评分有很高的内部一致性，克隆巴赫 α=0.98，可见多个项目的评分较为相似。研究者使用主成分分析法确定影响变异的潜在变量，其中一个成分解释了 62.47% 的变异，次高的成分仅解释了 4.67%。

数据要求：成绩表中 40 个项目的评分。

阈值：未说明。

原书参考文献

Krusmark, M., Schreiber, B.T., and Bennett, W. *The Effectiveness of a Traditional Gradesheet for Measuring Air Combat Team Performance in Simulated Distributed Mission Operations (AFRL-HE-AZ-TR-2004-0090).* Mesa, Arizona: Air Force Research Laboratory, May 2004.

2.6.5 知识、技能和能力

概述：Miller（2001）将 KSA 测试改编成团队能力测验。这些知识、技能和能力包括冲突解决、协同解决问题、沟通、目标设定、绩效管理以及计划和任务管理。

优势和局限性：Miller（2001）要求 176 名管理专业本科生以 3 ~ 5 人为一组进行一项组织设计任务。同时每名被试者都完成团队能力测验。团队的平均得分和方差与小组项目成绩，以及自我报告的团队满意度相关。但是团队能力测验的平均得分与任务绩效和团队满意度相关不显著。但存在一种趋势，即团队能力测验方差大和团队能力测验得分高的团队，其任务绩效更好（p=0.07）。

数据要求：完成 35 项团队能力测验。

阈值：未说明。

原书参考文献

Miller, D.L. Examining teamwork KSAs and team performance. *Small Group Research* 32(6): 745-766, 2001.

2.6.6 潜在语义分析

概述：LSA 是创建一个逐词文档矩阵，矩阵中的单元格是用某词语在该文档中出现的频率填充。采用对数熵项加权，然后使用奇异值分解方法来识别有效向量。LSA 不考虑语序或语法。

优势和局限性：Dong 等（2004）将 LSA 分析应用于研究生 15 周的课程，该课程为团队协作完成产品设计。共有 8 个小组。斯皮尔曼秩相关分析发现，语义连贯性等级与团队成员的成绩呈显著正相关。该相关性在采用语音文本时最高，在采用电子邮件文本时有所降低。

数据要求：团队生成的语义文本。

阈值：未说明。

原书参考文献

Dong, A, Hill, AW., and Agogino, A. M. A document analysis method for characterizing design team performance. *Transactions of the ASME Journal of Mechanical Design* 126(3): 378-385, 2004.

2.6.7 瓶颈型员工负荷

概述：Slomp 和 Molleman（2002）将瓶颈型员工负荷定义为"员工完成所有工作的时间，团队中工作负荷最大的员工决定了该负荷"。研究者使用以下方程式来计算瓶颈型员工负荷（WB）：$WB = \max_j \sum_i x_{ij}$，其中 j 是员工指数，i 是任务索引，X_{ij} 是"分配给员工 j 完成任务 I 的时间"。

优势和局限性：WB 可定量且具有较高的表面效度，它可用于具有独立的起点和终点的离散可观测任务。WB 在培训政策、缺勤率、需求波动、交叉培训水平及其交互作用中存在显著差异（例如，交叉培训级别与培训政策的交互，交叉培训级别与缺勤率的交互；Slomp and Molleman，2002）。

数据要求：员工数量、任务数量和任务完成时间。

阈值：未说明。

原书参考文献

Slomp, J., and Molleman, E. Cross-training policies and team performance. *International Journal of Production Research* 40(5): 1193-1219, 2002.

2.6.8 Nieva、Fleishman 和 Rieck 的团队维度

概述：Nieva 等（1985）定义了测量团队绩效的 5 个方法：①根据任务要求匹配数量资源；②反应的协调性；③活动步调；④任务之间的优先级分配；⑤负荷平衡。

优势和局限性：这 5 个测量方法有利于更好地建立团队绩效评估技术，但具体操作指标有待开发和测试。

数据要求：当使用这些团队绩效测量方法时，必须考虑团队的以下特征。①团队规模；②团队凝聚力；③团队内部和团队间的竞争与合作；④沟通；⑤标准沟通网络；⑥人格和态度的同质性 / 异质性；⑦能力的同质性 / 异质性；⑧团队内部的权力分配；⑨团队培训。

阈值：未说明。

原书参考文献

Nieva, V. F., Fleishman, E.A., and Rieck, A. *Team Dimensions: Their Identity, Their Measurement and Their Relationships (Research Note 85-12)*. Alexandria, VA: Army Research Institute for the Behavioral and Social Sciences, January 1985.

2.6.9 项目价值链

概述：Bourgault 等（2002）认为需要绩效测量来评估虚拟组织中分布式团队，研究者们将项目价值链确定为测量团队绩效的关键。项目价值链是"为了给客户创造价值，将一系列活动联系在一起的过程"。

优势和局限性：项目价值链有两个明显的优势：①项目价值链可以帮助团队确定"他们的投入对用户的价值"；②项目价值链可以与其他供应链结合以增加灵活性，包括当前团队或组织之外的供应链。

数据要求：将过程分解为活动和这些活动之间的联系。

阈值：未说明。

原书参考文献

Bourgault, M., Lefebvre, E., Lefebvre, L.A., Pellerin, R., and Elia, E. Discussion of metrics for distributed project management: Preliminary findings. Proceedings of the 35th Hawaii International Conference on System Sciences, 2002.

2.6.10　事件或任务目标的完成度

概述：TARGETs 是一种基于事件的测量技术（Dwyer 等，1997）。由专家确定培训所需的事件和相关行为。观察者在观察过程中，标记这些行为出现或未出现。经过培训的观察者决定观察的行为是否合格。观察表格是为每一种训练演习或场景量身定制的。依据预先设定好的观察结果进行评分。

优势和局限性：TARGETs 已用于评估军用货运直升机培训（Folkes 等，1994），不同专家评分的一致性为 0.94，专家对各项事件评分的内部一致性信度为 0.97。培训和未培训团队之间具有差别。

数据要求：每个团队成员对于事件和行为的认识。

阈值：未说明。

原书参考文献

［1］Dwyer, D.J., Fowlkes, J.E., Oser, R.L., and Lane, N.E. Team measurement in distributed environments: The TARGETs methodology. In M.T. Brannick, E. Salas, and C. Prince (Eds.). *Team Performance Assessment and Measurement Theory, Methods, and Applications* (pp. 137-153). Mahwah, New Jersey: Lawrence Erlbaum Associates, 1997.
［2］Fowlkes, J. E., Lane, N. E., Salas, E., Franz, T., and Oser, R. Improving the measurement of team performance: The TARGETs methodology. *Military Psychology* 6: 47-61, 1994.

2.6.11　团队沟通

概述：Harville 等（2005）开发了一套用于评估指挥控制任务中团队绩效的沟通代码（图 2.2）。该任务是使用基于 PC 系统开发的模拟美国空军指挥与控制战术行动。

Svensson 和 Andersson（2006）使用言语行为和沟通问题评估战斗机飞行员的团队绩效。言语行为有：①当前活动信息；②未来或战场信息；③战术；④沟通；⑤问题；⑥其他，如实践或识别问题。沟通问题分为：①同时发生的事件；②不清楚的信息；

③无法编码；④非常规；⑤不确定的目标。

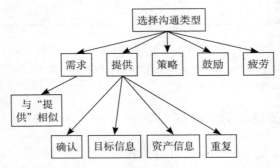

图 2.2　沟通代码（Harville et al., 2005）

优势和局限性：选择的沟通代码要与团队绩效和独特性相关。需要 95% 的编码人员同意这些代码的使用。一些代码对于疲劳较为敏感（例如，第 1 阶段和第 6 阶段进行比较）。团队在任务第 6 阶段的总沟通时间显著少于任务的第 1 阶段。在提供信息、提供资源信息、询问资产信息和策略上，也发现了同样的结果。从任务的第 1 阶段到第 6 阶段，团队成员关于疲劳状态的交流次数逐渐增加。

Svensson 和 Andersson（2006）研究了在模拟器中由 4 名飞行员和 1 名战斗机控制员组成的两个团队执行飞机护航或飞机攻击任务的绩效。当团队获胜时，言语行为发生的频率最高。当团队疲劳时，沟通问题最严重。

Hutchins 等（1999）基于文献综述，提出了高绩效团队的一组认知行为：

（1）培养对问题、目标、信息线索和战略的共同理解。

（2）预测他人的资源需求和行动。

（3）只需要较少的讨论来确定要做什么和什么时候做。

（4）随时提供支援信息。

（5）为超负荷工作的团队成员提供支持。

（6）确保所有成员都知道任务的优先事项。

（7）定期更新和解释情况。

（8）提供决策依据。

（9）平衡团队成员之间的工作量。

（10）使用同质的、传统的语音模式。

研究者通过测量以上行为中的 1 ～ 5 和 10 来评估团队的命令和指挥体系架构。

Strang 等（2012）报告称，交叉培训或培训天数对团队沟通的累积频率没有显著影响。然而对团队沟通的累积持续时间有显著影响。具体而言，交叉培训团队的沟通持续时间略短于非交叉培训团队，但仅在任务需求较高时出现。

在一项非军事研究中，Cooper 等（2010）使用了沟通能力问卷来评估急诊室医生（表2.5）。

表 2.5　沟通能力问卷

1. 团队成员对语言有很好的掌握。

2. 团队成员适当地使用医学化语言。

3. 团队成员对他人的需求很敏感。

4. 团队成员通常能够切中要害。

5. 团队成员能够注意聆听别人对他 / 她说的话。

6. 团队成员能有效地与他人打交道。

7. 团队成员是很好的倾听者。

8. 团队成员的写作很好理解。

9. 团队成员能够清晰表达他 / 她的想法。

10. 团队成员能够理解他 / 她说的话。

11. 团队成员通常能在正确的时间说正确的话。

12. 团队成员易于交谈。

13. 团队成员通常会快速回复消息（电话、电子邮件等）。

备注：使用如下评级：6 极其同意；5 强烈同意；4 一般同意；3 中立或不知道；2 一般不同意；1 强烈不同意；0 极其不同意。

数据要求：对语言交流进行记录。

阈值：未说明。

原书参考文献

［1］Cooper, S., Endacott, R., and Cant, R. Measuring non-technical skills in medical emergency care: Review of assessment measures. Open Access Emergency Medicine, 7-16, 20 January 2010.

［2］Harville, D., Lopez, N., Elliott, L., and Barnes, C. *Team Communication and Performance during Sustained Working Conditions (AFRL-HE-BR-TR-2005-0085)*. Brooks City Base, Texas: Air Force Research Laboratory, May 2005.

［3］Hutchins, S.G., Hocevar, S.P., and Kemple, W.G. Analysis of team communications in "human-in-the-loop" experiments in joint command and control. Presented at the 1999 Command and Control Research and Technology Symposium, Newport, RI, 1999.

［4］Strang, A.J., Funke, G.J., Knott, B.A., Galster, S.M., and Russell, S.M. Effects of cross-training on team performance, communication, and workload in simulated air battle management. Proceedings of the Human Factors and Ergonomics Society 56th Annual Meeting, 1581- 1585, 2012.

[5] Svensson, J., and Andersson, J. Speech acts, communication problems, and fighter pilot team performance. Ergonomics 49(12-13): 1226-1237, 2006.

2.6.12　团队效能测量

概述：Kennedy（2002）开发了一项根据财务信息评估团队效能的测量方法。TEF 是"团队总收益与项目实施和维护的总成本的比率"。收益包括增加的年度收入和在材料、劳动力、管理费用和其他方面的额外节省（也按年计算）。成本包括设备、材料、劳动力、公用事业和其他（也按年计算）。

同年，Hexmoor 和 Beavers（2002）开发了另外一项评估团队绩效的方法。Hexmoor 和 Beavers 的测量基于以下指标：①效率（使用多少资源来实现目标）；②影响力（团队成员如何影响其他团队成员的绩效）；③依赖性（团队成员的能力在多大程度上受到其他团队成员绩效的影响）；④冗余（两人或更多的团队成员的工作具有重复性）。所有测量标准均以百分比形式呈现。

优势和局限性：TEF 旨在提供一种客观的测量方法，以确保可以进行跨团队比较。Kennedy（2002）在比较 2 个服务部门和 5 个制造部门的 68 个团队时采用了这一测量方法。团队的规模、发展阶段和类型各不相同。TEF 应用于这些不同的团队。研究者建议通过纵向研究进一步评估这些团队绩效测量方法的效用。

团队有效性的第二个测量标准尚未得到验证。Lum 等（2011）在模拟军事计划任务中使用了类似的测量指标——实现的目标数量。

数据要求：年度财务数据，包括收入、材料、劳动力、公用事业和其他成本。

阈值：未说明。

原书参考文献

[1] Hexmoor, H., and Beavers, G. Measuring team effectiveness. Proceedings of the International Symposium on Artificial Intelligence and Applications International Conference Applied Informatics, 351-393, 2002.

[2] Kennedy, P.A. Team performance: Using financial measures to evaluate the influence of support systems on team performance. Dissertation, University of North Texas, Denton, May 2002.

[3] Lum, H.C., Sims, V.K., and Salas, E. Low-level predictors of team performance and success. Proceedings of the Human Factors and Ergonomics Society 55th Annual Meeting, 1457-1461, 2011.

2.6.13　团队知识测量

概述：Cooke 等（2003）确定了 4 种团队知识测量标准：整体准确性，对其他团队成员任务定位的认知准确性以及团队内部的相似性。

优势和局限性：Cooke 等（2003）报告称，与仅仅接触其他团队成员任务的概念描述相比，与其他团队成员任务进行实践交叉培训，可以显著提高团队的知识水平。这些数据是在 36 个研究生组成的三人小组中收集的。每个小组都有一名专职的情报官员、领航员和飞行员。这项任务是海军直升机任务的一部分。

数据要求：每个团队成员执行任务中的知识成分。

阈值：未说明。

原书参考文献

Cooke, N.J., Kiekel, P.A., Salas, E., Stout, R., Bowers, C., and Canon-Bowers, J. Measuring team knowledge: A window to the cognitive underpinnings of team performance. Group Dynamics: Theor Research and Practice 7(3): 179-199, 2003.

2.6.14　团队合作观察测验

概述：TOM 测量了团队合作的 4 个维度：沟通、团队协调、态势感知和团队适应性（Dwyer 等，1999）。每一个维度进一步被划分为不同的因素。随后观察者根据这些因素对团队绩效进行评分，评分等级如下：1（需要加强），2（满意），3（非常好），4（出色）和不适用。

优势和局限性：TOM 已用于评估空勤人员协调训练和海军炮火支援训练中的团队表现。

数据要求：团队成员的意见。

阈值：未说明。

原书参考文献

Dwyer, D.J., Oser, R.L., Salas, E., and Fowlkes, J.E. Performance measurement in distributed environments: Initial results and implications for training. *Military Psychology* 11(2): 189-215, 1999.

2.6.15 Temkin-Greener、Gross、Kunitz 和 Mukamel 的团队绩效模型 ——

概述：Temkin-Greener、Gross、Kunitz 和 Mukamel 团队绩效模型是在长期的病人护理应用中开发的。

优势和局限性：通过对 26 个"全方位养老项目"（PACE）的 1 860 名兼职和全职员工进行调查，检验了该模型。调查内容包括 9 个关于领导力的项目，10 个关于沟通和冲突管理的项目，6 个关于协调的项目，以及 7 个关于团队凝聚力和感知团队有效性的项目。调查应答率为 65%，内部一致性为 +0.7。研究人员认为，该模型的结构效度可以通过团队过程变量验证，这些变量占模型团队凝聚力部分的 55%，占团队有效性的 52%。专业人员和辅助专业人员之间也存在统计学上的显著差异。

数据要求：团队成员评级。

阈值：未说明。

原书参考文献

Temkin-Greener, H., Gross, D., Kunitz, S.J., and Mukamel, D. Measuring interdisciplinary team performance in a long-term care setting. *Medical Care* 42(5): 472-481, 2004.

2.6.16 无人驾驶飞行器团队绩效得分 ——

概述：Cooke 等（2001）确定了以下测量指标，用于评估飞行侦察无人机团队绩效：使用的胶片和燃料数量、照片错误的数量和类型、路线偏差、在警告和警报状态下花费的时间及所选的航路点。他们从 1 000 分的起始团队得分中减去使用的胶片和燃料，未拍摄的目标，警报状态下的秒数和未访问的关键航路点，得出团队综合得分。其他测量与沟通有关，包括：沟通事件的数量和每次沟通的时长。最后，研究者给被试者提出成对任务，并要求被试者对概念的相关性进行评分。

优势和局限性：Cooke 等（2001）在第一项研究中使用了 11 个空军预备役军官训练团学员小组的数据，在第二项研究中则使用了 18 个类似学员小组的研究数据。所有小组都执行了一项无人机侦察任务。相关性评级是对团队绩效的最佳预测变量。在一项类似的研究中，Fouse 等（2012）使用了一个综合得分来评估控制四艘、八艘异质潜航器与同质潜航器对团队绩效的影响。潜航器较少的团队绩效更好。综合得分包括"发现的水雷数量，识别的目标，声呐分析，发现的重复目标，识别的重复水雷以及无人潜航器被卡住的次数"。控制同质无人潜航器编队的团队绩效明显优于控制异质潜航器编队的团队。McKendrick 等（2014）的研究发现，在没有自动辅助的情况下，团队得分明显较低。

数据要求：所需数据包括使用的胶片和燃料，未拍摄的目标，警报状态下的秒数和未访问的关键航路点。此外，任务相关性的评级也在评估范围内。

阈值：未说明。

原书参考文献

［1］Cooke, N.J., Shope, S.M., and Kieke!, P.A. *Shared-Knowledge and Team Performance: A Cognitive Engineering Approach to Measurement (AFRL-SB-BL-TR-01-0370)*. Arlington, Virginia: Air Force Office of Scientific Research, March 29, 2001.

［2］Fouse, S., Champion, M., and Cooke, N.J. The effects of vehicle number and function on performance and workload in human-robot teaming. Proceedings of the Human Factors and Ergonomics Society 56th Annual Meeting, 398-402, 2012.

［3］McKendrick, R., Shaw, T., de Visser, E., Saqer, H., Kidwell, B., and Parasursman, R. Team performance in networked supervisory control of unmanned air vehicles: Effects of automation, working memory, and communication content. *Human Factors* 56(3): 463-475, 2014.

第 3 章　态势感知测量

态势感知（situational awareness，SA）指对正在执行任务的相关理解。例如，飞行员必须知道他们飞机的状态，飞行所处的环境，以及它们之间的关系，如雷暴就与气流相关。态势感知是决策的一个关键组成部分，已包含在多个决策模型中（例如，Dorfel 和 Distelmaier 模型，1997；图 3.1）。SA 包含了三个层级（Endsley，1991）：第一级是对环境中元素的感知；第二级是对现状的理解；第三级是对未来状态的预测。SA 有四种类型的测量技术：绩效法也称查询法（Durso 和 Gronlund，1999），主观评分法，模拟评定法也称为建模（Golightly，2015）以及生理测量法。在以下章节中分别介绍了 SA 的前三种测量技术。阐述 SA 生理测量法的文章由 French 等（2003）和 Vidulich 等（1994）撰写。图 3.2 给出了帮助如何选择最合适测量技术的流程图。

值得注意的是，Stanton 等（2005）提出了 SA 测量技术的另一种分类。这些类别是：SA 需求分析、冻结探查、实时探查、自评探查、观察者评定以及分布式评定。该研究团队还评估了 17 种可应用于指挥、控制、通信、电脑和情报（C4i）集成系统的 SA 测量技术（Salmon 等，2006）。他们的标准是依据 SA 的不同需求类型（分析法、冻结探查、实时探查、自我评定、观察者评定、绩效测量、眼动追踪），不同领域（空中交通管制、民用航空、通用航空、军用航空、军事步兵行动、核动力），团队，问题专家需求，培训时间，应用时间，所需工具，验证研究以及优势和劣势。作者得出如下结论，所有 17 项测量技术都不满足 C4i 的应用，因此建议将多种方法联合应用，如绩效测量、冻结探查、实验后自我评定和观察者评定。

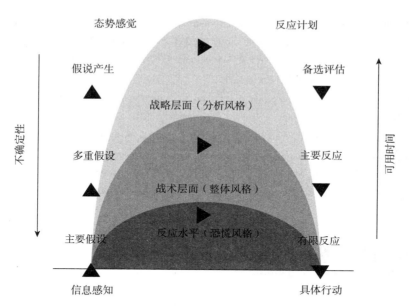

图 3.1　不确定性和时间压力下的决策（Dorfel 和 Distelmaier，1997）

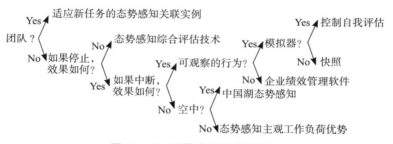

图 3.2　SA 测量技术的选择指南

原书参考文献

［1］Dorfel, G., and Distelmaier, H. Enhancing situational awareness by knowledge-based user interfaces. Proceedings of the 2nd Annual Symposium and Exhibition on Situational Awareness in the Tactical Air Environment, 197-205, 1997.

［2］Durso, F.T., and Gronlund, S.D. Situation awareness. In F.T. Durso, R.S. Nickerson, R.W. Schvaneveldt, S.T. Dumais, D.S. Lindsay and M.T.H. Chi (Eds.) *Handbook of Applied Cognition* (pp. 283-314). New York: John Wiley and Sons, 1999.

［3］Endsley, M.R. Situation awareness in dynamic systems. In R.M. Taylor (Ed.) *Situational Awareness in Dynamic Systems (IAM Report 708)*. Farnborough, UK: Royal Air Force Institute of Aviation Medicine, 1991.

［4］French, H.T., Clark, E., Pomeroy, D., Clarke, C.R., and Seymour, M. Psycho-physiological measures of situation awareness. Proceedings of the Human Factors of Decision Making in Complex Systems, Part 6: Assessment and Measurement, Chapter 27, 291-298, August 2003.

［5］Golighty, D. Situation awareness. In J.R. Wilson and S. Sharples (Eds.) *Evaluation of Human Work* (pp. 515-548). Boca Raton: CRC Press, 2015.

［6］Salmon, N.A., Stanton, N., Walker, G., and Green, D. Situation awareness measurement: A review of applicability for C4i environments. *Applied Ergonomics* 37(2): 225-238, 2006.

［7］Stanton, N.A., Salmon, P.M., Walker, G.H., Barber, C., and Jenkins, D.P. *Human Factors Methods: A Practical Guide for Engineering and Design*. Gower ebook, December 2005.

［8］Vidulich, M.A., Stratton, M., Crabtree, M., and Wilson, G. Performance-based and physiological measures of situational awareness. *Aviation, Space, and Environmental Medicine* 65(5): A7-A12, 1994.

3.1 SA 的绩效测量法

SA 有 12 项绩效测量技术，将在下文每节中予以单独介绍。

3.1.1 克兰菲尔德态势感知量表

概述：克兰菲尔德态势感知量表（克兰菲尔德 SAS）是专为飞行教官评定通航飞机学员在操纵、导航、基本仪表飞行、航线仪表飞行、夜间飞行和商业航线飞行时的态势感知而设计。它有两种版本：完整版本要求教官分别对飞行学员的知识（9 个问题），理解并预测未来事件（5 个问题），压力、精力和投入的管理（3 个问题），注意、感知、理解和评估信息的能力（4 个问题）以及整体意识等进行从 1 分（不合格）至 9 分（优秀）的评定。简化版本使用相同的九级评分量表，但每个类别仅进行一次评定，即：①知识；②理解并预测未来事件；③管理；④注意、感知、理解和评估能力；⑤总体意识。（Dennehy，1997）。

数据要求：教官必须完成每个问题的评定。评定可以在飞行或模拟器操纵中进行，也可以在飞行期间或飞行后进行。

阈值：完整版为 22 ~ 198 分，简版为 5 ~ 45 分。

原书参考文献

Dennehy, K. *Cranfield - Situation Awareness Scale Users Manual* (*COA Report Number 9702*). Bedford, England: Applied Psychology Unit Cranfield University, 1997.

3.1.2 态势感知的定量分析

概述：态势感知的定量分析（QASA）是 Edgar 和 Edgar（2007）开发的一种冻结和询问 SA 的技术方法。

优势和局限性：Smith 和 Jamieson（2012）报告称在飞机座舱管理仿真系统中，手动化分析和信息化分析之间的 QASA 得分存在显著组间差异。

数据要求：提出相关的探查问题。

阈值：0 分到探查问题总数得分。

原书参考文献

［1］Edgar, G.K., and Edgar, H.E. Using signal detection theory to measure situation awareness. The technique, the tool, the test, the way forward. InJ. Noyes and M. Cook (Eds.) *Decision Making in Complex Environments* (pp. 373-385). Aldershot, UK: Ashgate, 2007.

［2］Smith, A.G., and Jamieson, G.A. Level of automation effects on situation awareness and functional specificity on automation reliance. Proceedings of the Human Factors and Ergonomics Society 56th Annual Meeting, 2113-2117, 2012.

3.1.3 态势感知的量化分析

概述：态势感知的量化分析（QUASA）结合了态势感知探查问题答案的精准性（正确/错误）与对答案置信度的自我评价（非常高、高、中、低、非常低）。

优势和局限性：McGinness（2004）报告称，在对五个团队执行指挥和控制任务时，测量所得到的 SA 分数之间存在着显著性差异。

数据要求：被试者的置信度与探查问题正确比例的关系图是一条校准曲线，其中 SA 的准确度是按正确比例测量得到的，而准确度的自我感知则来自五级评分量表。

阈值：正确比例为 0 ~ 100 分，置信度为 1 ~ 5 分。

原书参考文献

McGinnees, B. Quantitative Analysis of Situational Awareness (QUASA): Applying signal detection theory to true/false probes and self-ratings. 9th International Command and Control Research and Technology Symposium, 159-178, 2004.

3.1.4　SA 分析工具

概述：SA 分析工具（SAVANT）是使用空中交通管制操作系统数据对 SA 进行探查。SAVANT 的每一个查询项目呈现时长为 3 s。所有查询项目均是飞机调配和基于本行业领域的相关问题。

优势和局限性：Willems 和 Heiney（2002）报告了正确回答 SAVANT 问题的时间之间存在显著性差异。具体来说，空中交通管制员在雷达终端的反应比在数据终端的反应更快。此外，当任务负荷较低时，他们对关于未来 SA 的查询问题反应速度更快。SAVANT 的屏幕显示会导致雷达或数据屏幕上出现一段盲区。

数据要求：空中交通管制问题专家需要填写 SAVANT 表格，并给出正确答案。

阈值：正确反应的最小时间为 0 ms。

原书参考文献

Willems, B., and Heiney, M. *Decision Support Automation Research in the En Route Air Traffic Control Environment (DOT/FAA/CT-TN0l/10)*. Atlantic City International Airport, NJ: Federal Aviation Administration William J. Hughes Technical Center, January 2002.

3.1.5　SALSA

概述：该技术的首字母缩略词源自德语，含义是"在自动化背景下测量区域控制者的态势感知"（Hauss and Eyferth，2003）。它将在模拟操作冻结时对探查问题进行答复，与专家对探查问题的相关性评级相结合，使用线索回忆来减少混淆，并将单次冻结时的各个探查问题限制在一架飞机上。

优势和局限性：Hauss 和 Eyferth（2003）对 11 名空中交通管制员在 45 min 模拟交通中的 SALSA 进行了测量。他们得出结论，SALSA 测量是可行的，但建议制定一个航空交通特征分类法。

数据要求：探查问题、冻结模拟操作的能力以及专家提供的相关评级的可用性。

阈值：未明确。

原书参考文献

Hauss, Y., and Eyferth, K. Securing future ATM-concepts' safety by measuring situation awareness in ATC. *Aerospace Science and Technology* 7(6): 417-427, 2003.

3.1.6　共享感知问卷

概述：共享感知问卷要求被试者回答与实验或练习相关的客观问题。包括对任务成功至关重要的位置以及这些位置在地图上的定位（Prytz 等，2015）。问卷根据评定者之间的一致性和准确性进行评分。

优势和局限性：应急管理练习中使用了共享感知问卷（Prytz 等，2015）。练习结束后，50 名被试者完成了问卷调查。

阈值：评定者之间的一致性和准确性均为 0 ~ 100%。

原书参考文献

Prytz, E., Rybing, J., Jonson, C., Petterson, A., Berggren, P., and Johansson, B. An exploratory study of low-level shared awareness measure using mission-critical locations during an emergency response. Proceedings of the Human Factors and Ergonomics Society 59th Annual Meeting, 1152-1156, 2015.

3.1.7　态势感知综合评估技术

概述：态势感知综合评估技术（SAGAT）是最著名的 SA 测量技术（Endsley，1988b）。SAGAT 是围绕模拟军用驾驶舱的实时性、人在环路等特征而设计的，但也可以推广到其他系统。SAGAT 使用图形计算机程序快速呈现问题和收集数据。使用 SAGAT 时，模拟任务可在随机时间停止，并向操作员提问以及时获知其在特定时间点的 SA。回答提问的答案同时与计算机数据库的正确答案进行比较，通过态势真实情况与自我感知情况对比，提供了一个客观的 SA 测量技术。

优势和局限性：SAGAT 技术已应用于多个测试研究，结果显示：

①实证效度（Endsley，1989，1990b）- 模拟冻结技术不会影响被试者的绩效，并且被试者在冻结长达 6 min 后仍能够可靠地报告对 SA 的理解，而没有出现记忆衰退的问题；②预测效度（Endsley，1990b）-SAGAT 分数与被试者绩效之间存在联系；③内容效度（Endsley，1990a）- 显示使用问题的适当性（用于空对空战斗机驾驶舱）。Bolstad（1991）将 SAGAT 与潜在 SA 预测测试得分进行了相关性研究，实验被试者为具有战术飞行经验的诺斯罗普公司员工。与 SAGAT 最相关的是：注意力分配跟踪水平（+0.717），即时 / 延迟记忆总错误（+0.547），编码速度（+0.547）、点数估计（+0.415）和团体镶嵌图形测验的正确数量（+0.385）。Bolstad 和 Endsley（2003）使用目标导向认知任务分析技术设计 SAGAT 问题。Jones 等人（2004）扩展了这项工作，构建

了一个工具包（设计者的态势感知工具包）帮助设计 SAGAT 问题。

SAGAT 为所有操作者的 SA 需求提供了客观的 SA 测量标准，可以根据错误或正确百分比进行计算，并进行相应的处理。然而，Sarter 和 Woods（1991）认为 SAGAT 测量的并不是 SA，而是飞行员能回忆到的内容。此外，Fracker 和 Vidulich（1991）指出，使用 SAGAT 测量 SA 时存在两个主要问题，即：信息的衰减和不准确的观念。其他研究人员则只要求被试者指出目标在地图上的定位，这种技术有时则被称为迷你 SAGAT 或快照，已用于各类军事和民用任务。例如，消防员被要求在地图上标明火灾位置，然后通过火灾实际位置与在地图上标明位置之间的误差来测量 SA（Artman，1999）。另一个例子是要求被试者回忆其驾驶车辆前方的交通位置（Johannsdottir 和 Herdman，2010）。还有一个例子是用于评估无人驾驶飞机系统操作员定位目标的 SA（McDermott 和 Fisher，2013）。Tippey 等（2017）使用探查态势感知的反应时（RT）来评估通用航空天气警报中的振动触觉和嵌入式文本提示。Vidulich 等（1995）使用类似 SAGAT 的记忆探查技术测量基于个人电脑的飞行模拟器性能。类似 SAGAT 的测量技术对探查模拟操作过程中出现的信息差异是敏感且较为容易的，因此能够区分态势感知和工作负荷。SAGAT 已用于许多领域，包括：航空、指挥以及控制、驾驶、能源、医疗保健、机器人和潜艇显示器设计。

航空：SAGAT 早期多用于军用航空。Fracker（1989）在一项模拟空中威胁研究中指出，"目前的数据鼓励使用记忆探查技术来测量态势感知。" Fracker（1991）在模拟作战任务中评估了 SA 测量技术。识别准确性、识别延迟期、包线敏感性和杀伤概率的复测之间相关性显著，但定位误差和躲避失误的复测之间则不存在显著相关性，且只有识别延迟期与杀伤概率之间存在显著相关性，该相关性被用于评估校标效度。结构效度则根据 SA 指标与躲避失误的相关性进行评估。三个指标相关性显著：①识别延迟期；②包线敏感性；③杀伤概率。两个指标不显著：①定位误差；②识别准确性。两者之间存在显著相关的三对 SA 指标：①识别准确性和定位误差；②识别准确性和识别延迟期；③包线敏感性和延迟（α=0.10 用于确定显著性）。三对相关性不显著的指标为：①识别延迟期和定位误差；②包线敏感性和定位误差；③包线敏感性和识别准确性。Crooks 等（2001）在模拟飞机识别任务中要求 165 名本科生使用 SAGAT 评定自身的 SA。结果显示好坏参半，SAGAT 在空中通道、大小和方向等方面存在显著性差异，但在速度、距离、角度和识别敌我方面没有显著性差异。此外，对于范围和角度而言，其方向与假设方向之间存在着显著性差异。Endsley（1995）在事件和反应之间的时间函数（0 ~ 400 s）中，没有发现 SAGAT 得分之间存在任何显著性差异。Bolstad 等人（2002，2003）采用 SAGAT 评估分时训练对提高 SA 的有效性，实验被试者是 24 名飞行员，使用微软模拟飞行 2 000 收集数据。训练后 SA 显著增加，受训者对风向的正确认识从训练前的 22% 提高到训练后的 55%，未受训者则从飞行前的 58% 降至飞行后的 36%。

Snow 和 Reising（2000）发现 SAGAT 和 SA-SWORD 之间没有显著相关性，进一步发现只有模拟飞行中能见度和综合地形类型在 SA-SWORD 显示出显著统计学效应。SAGAT 也被用于商业航空领域，Boehm Davis 等（2010）在一项实验中，使用模拟器采集了 24 名运输飞行员的数据，结果发现飞行员使用数据通信和语音通信之间的态势感知没有显著性差异。

Prince 等（2007）使用类似 SAGAT 的方法来测量团队态势感知。在高保真度飞行模拟器中，两名完成了 3 天培训课程的教员测量了团队的态势感知。两名教员在 48 个态势感知测量项目上的平均相关系数为 r=+0.88。团队态势感知与解除结冰、增压泵和火灾特情等问题能力的评定之间也存在显著相关性。

在低逼真度模拟器中，通过对飞行状态的反应来测量团队模拟感知。问题包括：当前高度和航向；控制机构；最后一次空中交通管制（ATC）呼叫；目的地天气、迫降机场、机场方位和航程；距离、交通的时钟位置和高度。这些数据来自 41 名军事机组人员。飞行状态问题的回答与增压泵及火灾紧急情况等特情处置能力的评定有显著相关性，但与结冰特情处置无关。

Vu 等（2010）报告了使用不同操控概念飞行员之间的误差率和探查延迟的差异。SAGAT 也用于评估空中交通管制系统。Endsley 和 Rodgers（1996）评估了 15 种与操作错误关联的空中交通情景的相关 SAGAT 得分。该实验的被试者是 20 名空中交通管制专家，其中回忆项目的低正确率与完成指定的安全间距设置（23.2%）、速度（28%）、转弯（35.1%）和呼号数字（38.4%）之间存在相关。

Endsley 等（2000）在空中交通管制模拟过程中，基于 10 名经验丰富的空中交通管制员数据，对 SAGAT、在线探查、态势感知评定技术（SART）和观察者评分进行了比较分析，结果仅发现 SAGAT 中的 2 级 SA 查询与不同测试显示条件之间存在着显著性差异。在同领域针对空中交通管制员的另一项研究中，Jones 和 Endsley（2004）则报告了 SAGAT 与实时探查之间存在显著相关性。同样在空中交通管制方面，Kaber 等（2006）报告了信息获取的自动化模式导致最高 SA 得分和实施行动的最低 SA 得分之间，存在 1 级 SA 的显著差异。

Sethumandhavan（2011a）在模拟空中交通管制任务过程中，对于使用四级自动化级别（信息获取、信息分析、决策和行动选择、自动化行动执行）之一以及自动化故障的前后，采用 SAGAT 测量了 SA。信息分析自动化条件下的 SA 与其他三种自动化条件相比有显著提高。此外，与发生自动化故障之后相比，被试者在发生自动化故障之前 SA 显著升高。该作者还报告（2011b），meta-SA（被试者在空中交通管制模拟任务中回忆飞机属性能力的置信度）与 SAGAT 评分显著相关。在空中交通管制任务中，Strybel 等（2009 年）报告了与单纯的"是 / 否"或评级探查相比，具有多项选择探查的准确性得分明显更低。Willems 和 Heiney（2002）基于航空行业领域的相关问题，使用 SAGAT 评估空中交通管制 SA。他们的报告显示，对于飞机部署的正确回答仅为 20% 左右。此外，随着任务负荷的增加，SA 有所下降，且数据端的下降比雷达端要小。Durso 等（1999 年）也报告称，空中交通管制员的正确率很低。

在一项较为少见的无人机研究中，Draper 等（2000 年）报告称，触觉线索显著提高了无人机飞行员识别湍流风向的准确性。Fern 和 Shively（2011）还使用 SA 探查问题的回答正确率，评估了无人机操作员的 SA，他们报告称不是所有显示类型之间都存在 SA 差异，而仅在某些显示类型之间存在。

指挥与控制：在一项指挥和控制领域的实验中，Jones 和 Endsley（2000）报告了对实时探查的反应准确性与不同场景（战争和和平）之间的显著差异有关，但响应时间则没有这种差异。而对于 SAGAT，11 个或 21 个题目在两种情况下有显著差异，但 SAGAT 总分则没有差异。两种情况之间的 SART 总体得分则有显著性差异。

French 和 Hutchinson（2002）将 SAGAT 应用于军事地面部队指挥和控制演习，发现随着时间的推移，SA 有所提高，作者建议在未来研究中可以开展更广泛的探索。Hall 等（2010）使用了指挥官的关键信息报告（CCIR）的延迟来比较基线、原型指令以及控制显示，发现原型指令与更短的反应延迟相关。Lampton 等（2006）对事件和地点的反应与团队沟通的 SA 测量（SAMTC）进行了比较，该技术源于团队沟通在寻求更新信息、识别问题、防止差错方面的评级，并对态势感知行为锚定评级量表（SABARS）进行了调整，从 1 到 10 对 SA 的获取和传播进行评级。作者得出结论，所有三种 SA 测量技术都能够测量 SA。

在对三个实验（军事人员恢复、军事指挥和控制以及战车机动）的回顾中，Cuevas 和 Bolstad（2010）使用 SAGAT 评估了团队领导者和团队成员的 SA 相关性，发现军事人员恢复和战车机动存在显著正相关。作者认为，军事指挥和控制没有显著相关性是由于数据缺失。在一项对恢复任务进行的单独分析中，Saner 等（2010）报告了经验相似性、工作负荷相似性、组织中心距离和通信距离可以显著预测 SA 共享，但知识共享则不适用。Parush 和 Ma（2012）使用对 SA 报告正确 / 错误的正确反应平均数，来评估森林火灾事件管理的团队绩效。接下来一年中，Parush 和 Rustanjaja（2013）使用了相同的方法来评估在公寓和办公楼工作的消防员的 SA。Giacobe（2013）针对新手和经验丰富的网络分析师者，使用 SAGAT 比较了他们在使用文本或图形信息时的 SA。他还使用 NASA TLX 测量了工作负荷，以及使用 SART 测量了感知意识。发现经验或界面风格对 SAGAT 评分没有显著影响。

驾驶：Bolstad（2000）使用与驾驶相关的问题来评估 SA 能力差异与驾驶员年龄之间的关系。

能源：Hogg 等（1995 年）通过改编 SAGAT 建立了态势感知控制室问卷（SACRI），用来评估核电站操作员的 SA。他们使用 SACRI 完成了四项模拟研究，发现当时间和准确度测量一起使用时，该技术在设计评估中是有用的。同样，Lenox 等（2011）将 SAGAT 改编并应用于电力传输和分配操作。

Tharanathan 等（2010）评估了一个流程监控的显示。第 1 层级 SA 是用于测量操作员识别出流程变化的数量，1 级指对探查问题的反应准确性，3 级指预测警告标志的数量。1 级和 2 级测量结果表明，在计算机屏幕显示和场景复杂度之间存在显著性差异，但仅在 3 级测量的场景复杂度方面存在显著性差异。在一项对控制显示的处理评估中，Bowden 和 Rusnock（2015）报告称仅存在一个 SAGAT 的显著效果，具体而言，图形显示比数字显示具有更高的 SA 相关，功能分组信息显示和空间映射信息显示之间则没有显著性差异。

医疗保健：Luz 等（2010）在模拟乳突切除术后使用 SAGAT 进行评分，用以评定手术期间图像指引导航的有效性。他们报告称，与图像系统相比，手动完成手术的评分没有显著性差异。Saetrenik（2012）在应急处置培训场景中使用了冻结探查，五个团队之间的 SA（九个探查问题的平均值）存在显著性差异，但每个团队成员之间的 SA 没有显著性差异。

机器人：Riley 和 Strater（2006）使用 SAGAT 比较了四个机器人控制模式的 SA，报告显示无显著性差异。

潜艇显示器设计：Huf 和 French（2004）报告了在虚拟潜艇环境中，SART 表现出对态势的低理解度，而 SAGAT 则通过正确的反应表现出了高理解度。Loft 等（2015）在接触分类、最接近点和紧急上浮这三项潜艇任务中，针对 117 名大学生完成任务的情况，比较了 SPAM、SAGAT、ATWIT、NASA TLX、SART 的评分，结果显示 SPAM 与 SART 无显著相关性，但与 ATWIT 和 NASA TLX 有显著相关性。

数据要求：在实验开始之前必须确定正确的问题。Landry 和 Yoo（2012），基于蒙特卡罗模拟任务中对 SA 问题的反应，报告称在 50 个问题时统计功效为 0.8，30 个问题时减少至 0.58、10 个问题时则为 0.24、5 个问题时变成了 0.15。Endsley（2000）表示，开发测试问题时需要详细分析 SA 的需求。

阈值：在实验开始之前，应确定每个参数的实际值与可接受知觉偏差之间的公差限度。

原书参考文献

［1］ Artman, H. Situation awareness and co-operation within and between hierarchical units in dynamic decision making. *Ergonomics* 42(11): 1404-1417, 1999.

［2］ Boehm-Davis, D.A., Gee, S.K., Baker, K., and Medina-Mora, M. Effect of party line loss and delivery format on crew performance and workload. Proceedings of the Human Factors and Ergonomics Society 54th Annual Meeting, 126-130, 2010.

［3］ Bolstad, C.A. Age-related factors effecting the perception of essential information during risky driving situations. In D.B. Kaber and M.R. Endsley (Eds.) Proceedings of the First Human Performance, Situation Awareness and Automation: User-Centered Design for the New Millennium, October 15-19, 2000.

［4］ Bolstad, C.A. Individual pilot differences related to situation awareness. Proceedings of the Human Factors Society 35th Annual Meeting, 52-56, 1991.

［5］ Bolstad, C.A., and Endsley, M.R. Measuring shared and team situation awareness in the Army's future objective force. Proceedings of the Human Factors and Ergonomics Society 47th Annual Meeting, 369-373, 2003.

［6］ Bolstad, C.A., Endsley, M.R., Howell, C.D., and Costello, AM. General aviation pilot training for situation awareness: An evaluation. Proceedings of the Human Factors and Ergonomics Society 46th Annual Meeting, 21-25, 2002.

［7］ Bolstad, C.A., Endsley, M. R., Howell, C.D., and Costello, AM. The effect of time-sharing training on pilot situation awareness. Proceedings of the 12th International Symposium on Aviation Psychology, 140-145, 2003.

［8］ Bowden, J.R., and Rusnock, C.F. Evaluation of human machine interface design factors on situation awareness and task performance. Proceedings of the Human Factors and Ergonomics Society 59th Annual Meeting, 1361-1365, 2015.

［9］ Crooks, C.L., Hu, C.Y., and Mahan, R. P. Cue utilization and situation awareness during simulated experience. Proceedings of the Human Factors and Ergonomics Society 45th Annual Meeting, 1563-1567, 2001.

［10］ Cuevas, H.M., and Bolstad, C.A. Influence of team leaders' situational awareness on their team's situational awareness and performance. Proceedings of the Human Factors and Ergonomics Society 54th Annual Meeting, 309-313, 2010.

［11］Draper, M.H., Ruff, H.A., Reppergeer, D.W., and Lu, L.G. Multi-sensory interface concepts supporting turbulence detection by UAV controllers. Proceedings of the First Human Performance, Situation Awareness and Automation: User-Centered Design for the New Millennium, 107-112, 2000.

［12］Durso, F.T., Hackworth, C.A., Truitt, T.R., Crutchfield, J., Nikolic, D., and Manning, C.A. *Situation Awareness as a Predictor of Performance in En Route Air Traffic Controllers* (*DOT/FAA/AM-99/3*). Washington, DC: Office of Aviation Medicine, January 1999.

［13］Endsley, M.R. Design and evaluation for situation awareness enhancement. Proceedings of the 32nd Annual Meeting of the Human Factors Society, 97-101, 1988a.

［14］Endsley, M.R. Situational awareness global assessment technique (SAGAT). Proceedings of the National Aerospace and Electronics Conference, 789-795, 1988b.

［15］Endsley, M.R. A methodology for the objective measurement of pilot situation awareness. Presented at the AGARD Symposium on Situation Awareness in Aerospace Operations, Copenhagen, Denmark, October 1989.

［16］Endsley, M.R. *Situation Awareness in Dynamic Human Decision Making: Theory and Measurement* (*NORDOC 90-49*). Hawthorne, CA: Northrop Corporation, 1990a.

［17］Endsley, M.R. Predictive utility of an objective measure of situation awareness. Proceedings of the Human Factors Society 34th Annual Meeting, 41-45, 1990b.

［18］Endsley, M.R. Toward a theory of situational awareness in dynamic systems. Human Factors 37(1): 32-64, 1995.

［19］Endsley, M.R. Direct measurement of situation awareness: Validity and use of SAGAT. In M.R. Endsley and D.J. Garland (Eds.) *Situation Awareness: Analysis and Measurement* (pp. 131-157). Mahwah, NJ: Lawrence Erlbaum Associates, 2000.

［20］Endsley, M.R., and Rodgers, M.D. Attention distribution and situation awareness in air traffic control. Proceedings of the Human Factors and Ergonomics Society 40th Annual Meeting, 82-85, 1996.

［21］Endsley, M.R., Sollenberger, R., and Stein, S. Situation awareness: A comparison of measures. Proceedings of the First Human Performance, Situation Awareness and Automation: User-Centered Design for the New Millennium, October 15-19, 2000.

［22］Fern, L., and Shively, J. Designing airspace displays to support rapid immersions for UAS handoffs. Proceedings of the Human Factors and Ergonomics Society 55th Annual Meeting, 81-85, 2011.

［23］Fracker, M.L. Attention allocation in situation awareness. Proceedings of the Human Factors Society 33rd Annual Meeting, 1396-1400, 1989.

［24］Fracker, M.L. *Measures of Situation Awareness: An Experimental Evaluation* (*AL-TR-1991-0127*). OH: Wright-Patterson Air Force Base, October 1991.

［25］Fracker, M.L., and Vidulich, M.A. Measurement of situation awareness: A brief review. In R.M. Taylor (Ed.) *Situational Awareness in Dynamic Systems* (*1AM Report 708*) (pp. 795-797). Farnborough, UK: Royal Air Force Institute of Aviation Medicine, 1991.

［26］French, H.T., and Hutchinson, A. Measurement of situation awareness in a C4ISR experiment. Proceedings of the 7th International Command and Control Research and Technology Symposium. CCRP, Washington, DC, 2002.

［27］Giacobe, N.A. A picture is worth a thousand words. Proceedings of the Human Factors and

Ergonomics Society 57th Annual Meeting, 172-176, 2013.

[28] Hall, D.S., Shattuck, L.G., and Bennett, K.B. Evaluation of an ecological interface designed for military command and control. Proceedings of the Human Factors and Ergonomics Society 54th Annual Meeting, 423-427, 2010.

[29] Hogg, D.N., Folleso, K., Strand-Volden, F., and Torralba, B. Development of a situation awareness measure to evaluate advanced alarm systems in nuclear power plant control rooms. *Ergonomics* 38(11): 2394-2413, 1995.

[30] Huf, S., and French, H.T. Situation awareness in a networked virtual submarine. Proceedings of the Human Factors and Ergonomics Society 48th Annual Meeting, 663-667, 2004.

[31] Johannsdottir, K.R., and Herdman, C.M. The role of working memory in supporting drivers' situation awareness for surrounding traffic. *Human Factors* 52(6): 663-673, 2010.

[32] Jones, D.G., and Endsley, M.R. Can real-time probes provide a valid measure of situation awareness? Proceedings of the First Human Performance, Situation Awareness and Automation: User-Centered Design for the New Millennium, 245-250, 2000.

[33] Jones, D.G., and Endsley, M.R. Use of real-time probes for measuring situation awareness. *The International Journal of Aviation Psychology* 14(4): 343-367, 2004.

[34] Jones, D.G., Endsley M.R., Bolstad, M., and Estes, G. The designer's situation awareness toolkit: Support for user-centered design. Proceedings of the Human Factors and Ergonomics Society 48th Annual Meeting, 653-657, 2004.

[35] Kaber, D.B., Perry, C.M., Segall, N., McClernon, C.K., and Prinzel, L.J. Situation awareness implication of adaptive automation for information processing in an air traffic control-related task. *International Journal of Industrial Ergonomics* 36(5): 447-462, 2006.

[36] Lampton, D.R., Riley, J.M., Kaber, D.B., Sheik-Nainar, M.A., and Endsley, M.R. Use of immersive virtual environments for measuring and training situation awareness. Presented at the U.S. Army Science Conference Orlando, Florida, November 2006.

[37] Landry, S. J., and Yoo, H. Sampling error and other statistical problems with query-based situation awareness measures. Proceedings of the Human Factors and Ergonomics Society 56th Annual Meeting, 292-296, 2012.

[38] Lenox, M.M., Connors, E.S., and Endsley, M.R. A baseline evaluation of situation awareness for electric power system operation supervisors. Proceedings of the Human Factors and Ergonomics Society 55th Annual Meeting, 2044-2048, 2011.

[39] Loft, S., Bowden, V., Braithwaite, J., Morrell, D.B., Huf, S., and Durso, F.T. Situation awareness measures for simulated submarine track management. *Human Factors* 57(2): 298-310, 2015.

[40] Luz, M., Mueller, S., Strauss, G., Dietz, A., Meixenberger, J., and Manzey, D. Automation in surgery: The impact of navigation-control assistance on the performance, workload and situation awareness of surgeons. Proceedings of the Human Factors and Ergonomics Society 54th Annual Meeting, 889-893, 2010.

[41] McDermott, P.L., and Fisher, A. Methodologies for assessing situation awareness of unmanned system operators. Proceedings of the Human Factors and Ergonomics Society 57th Annual Meeting, 167-171, 2013.

142

［42］Parush, A., and Ma, C. Team displays work, particularly with communication breakdown: Performance and situation awareness in a simulated forest fire. Proceedings of the Human Factors and Ergonomics Society 56th Annual Meeting, 383-387, 2012.

［43］Parush, A., and Rustanjaja, N. The impact of sudden events and spatial configuration on the benefits of prior information to situation awareness and performance. Proceedings of the Human Factors and Ergonomics Society 57th Annual Meeting, 1395- 1399, 2013.

［44］Prince, C., Ellis, J.E., Brannick, M.T., and Salas, E. Measurement of team situation awareness in low experience level aviators. International Journal of Aviation Psychology 17(1): 41-57, 2007.

［45］Riley, J.M., and Strater, L.D. Effects of robot control mode on situational awareness and performance in a navigation task. Proceedings of the Human Factors and Ergonomics Society 50th Annual Meeting, 540-544, 2006.

［46］Saetrenik, B. A controlled field study of situation awareness measures and heart rate variability in emergency handling teams. Proceedings of the eHuman Factors and Ergonomics Society 56th Annual Meeting, 2006-2010, 2012.

［47］Saner, L.D., Bolstad, C.A., Gonzalez, C., and Cuevas, H.M. Predicting shared situational awareness in teams; A case of differential SA requirements. Proceedings of the Human Factors and Ergonomics Society 54th Annual Meeting, 314-318, 2010.

［48］Sarter, N.B., and Woods, D.D. Situational awareness: A critical but ill-defined phenomenon. *The International Journal of Aviation Psychology* 1(1): 45-57, 1991.

［49］Sethumandhavan, A. Effects of first automation failure on situation awareness and performance in an air traffic control task. Proceedings of the Human Factors and Ergonomics Society 55th Annual Meeting, 350- 354, 2011a.

［50］Sethumandhavan, A. Knowing what you know: The role of meta-situation awareness in predicting situation awareness. Proceedings of the Human Factors and Ergonomics Society 55th Annual Meeting, 360-364, 2011b.

［51］Snow, M.P., and Reising, J.M. Comparison of two situation awareness metrics: SAGAT and SA-SWORD. Proceedings of the IEA 2000/HFES 2000 Congress, vol. 3, pp. 49- 52, 2000.

［52］Strybel, T.Z., Minakata, K., Nguyen, J., Pierce, R., and Vu, K.L. Optimizing online situation awareness probes in air traffic management tasks. In M.J. Smith and G. Salvendy (Eds.) *Human Interface, Part II, HCII 2009, LNCS 5618* (*pp. 845-854*). Berlin: Springer, 2009.

［53］Tharanathan, A., Laberge, J., Bullemer, P., Reising, D.V., and McLain, R. Functional versus schematic overview displays: Impact on operator situation awareness in process monitoring. Proceedings of the Human Factors and Ergonomics Society 54th Annual Meeting, 319-323, 2010.

［54］Tippey, K.G., Roady, T., Rodriguez-Paras, C., Brown, L.J., Rantz, W.G., and Ferris, T.K. General aviation weather alerting: The effectiveness of different visual and tactile display characteristics in supporting weather-related decision making. *The International Journal of Aerospace Psychology* 27(3-4): 121-136, 2017.

［55］Vidulich, M.A., McCoy, A.L., and Crabtree, M.S. The effect of a situation display on memory probe and subjective situational awareness metrics. Proceedings of the 8th International Symposium on Aviation Psychology, 765-768, 1995.

［56］Vu, K.L., Strybel, T.Z., Kraut, J., Bacon, P., Minakata, K., Nguyen, J., Rottermann, A., Battiste, V., and Johnson, W. Pilot and controller workload and situation awareness with three traffic management concepts (Paper 978-1-4244-6618-4). IEEE 29th Digital Avionics Systems Conference, 4.A.5-1-4.A.5-10, 2010.

［57］Willems, B., and Heiney, M. *Decision Support Automation Research in the En Route Air Traffic Control Environment* (*DOT/FAA/CT-TN0l/10*). Atlantic City International Airport, NJ: Federal Aviation Administration William J. Hughes Technical Center, January 2002.

3.1.8　适应新任务的态势感知关联实例

概述：适应新任务的态势感知关联实例（SALIANT）被开发用于测量团队态势感知。SALIANT 方法需要 5 个阶段：①确定团队 SA 行为（表 3.1）；②建立场景；③定义可接受的反应；④写出脚本；⑤创建包含场景和反应矩阵的结构化清单。

优势和局限性：SALIANT 已经通过 20 名本科生在一项四小时的桌面直升机模拟任务中得到验证，结果显示评分者信度为 $r=+0.94$，SALIENT 评分与沟通频率之间存在显著相关性（$r=+0.74$），SALIENT 评分与绩效之间也存在显著相关性（$r=+0.63$），SALIANT 评分与团队的共享心理模型之间没有显著相关性（$r=-0.04$）。Muniz 等（1998a）和 Bowers（1998）等也提供了其他验证数据。在一个大型实验（80 名男性和 180 名女性）中，Fink and Major（2000）在一项直升机飞行模拟游戏（狼人与科曼奇）中对 SART 和 SALIANT 进行了比较。作者报告称，SALIANT 具有更好的测量特征，但 SART 能够评估游戏和操作员之间的交互。Kardos（2003）在为澳大利亚国防科技组织（DSTO）制订战术、技巧及规程（TTP）期间，应用 SALIANT 方法建立了 SA 行为指标清单。她描述了观察某些行为（如"监视他人"）的困难，建议排除一些行为，因为这些行为缺乏适用性、稳定性，而且没有被观察到。

数据要求：尽管可以使用表 3.1 中的通用行为，但必须为每个团队任务开发场景、反应、脚本和报告清单。

阈值：未说明。

表 3.1　团队 SA 的通用行为指标（Muniz et al.，1998b）

展示对周围环境的感知	监测环境的变化、趋势和异常情况
	展示出对他 / 她所在位置的感知
识别问题	报告问题
	定位问题潜在根源
	展示对问题后果的了解
	解决差异
	注意偏差

续表

预期需要采取行动	确定需要采取行动
	预期行动和决定的后果
	告知他人已采取的行动
	监控行动
展示对任务的认识	展示对任务的认识
	表现在任务间分享注意力的技巧
	监控工作负荷
	分配站内工作负荷
	及时回答问题
展示信息感知	沟通重要信息
	可能时确认信息
	存疑时质疑信息
	复核既有信息
	预先提供信息
	获取正在发生事情的信息
	展示对复杂关系的理解
	经常介绍现状摘要

原书参考文献

［1］ Bowers, C., Weaver, J., Barnett, J., and Stout, R. Empirical validation of the SALIANT methodology. Proceedings of the North Atlantic Treaty Organization Research and Technology Organization Meeting 4 [RTO-MP-4, AC/23(HFM)TP/2], 12-1-12-6, April 1998.

［2］ Fink, A.A., and Major, D.A. Measuring situation awareness: A comparison of three techniques. Proceedings of the 1st Human Performance, Situation Awareness and Automation: User-Centered Design for the New Millennium, 2000.

［3］ Kardos, M. *Behavioral Situation Awareness Measures and the Use of Decision Support Tools in Exercise Prowling Pegasus*. Edinburgh, South Australia: DSTO Systems Sciences Laboratory, 2003.

［4］ Muniz, E.J., Salas, E., Stout, R.J., and Bowers, C.A. The validation of a team situational awareness measure. Proceedings for the 3rd Annual Symposium and Exhibition on Situational Awareness in the Tactical Air Environment. Naval Air Warfare Center Aircraft Division, Patuxent River, MD, 183-190, 1998a.

［5］ Muniz, E.J., Stout, R.J., Bowers, C.A., and Salas, E. A methodology for measuring team situational awareness: Situational Awareness Linked Indicators Adapted to Novel Tasks (SALIANT). Proceedings of the NATO Human Factors and Medicine Panel on Collaborative Crew Performance in Complex Systems, 20-24, 1998b.

3.1.9　现状评估法

概述：现状评估法（SPAM）使用对问题的反应延迟来测量 SA。当回答问题需要的所有信息都存在时，才会询问问题，因此消除了记忆成分，它由 Durso 等（1995）开发。

优势和局限性：Strybel 等（2016）使用 SPAM 比较退役空中交通管制员的态势感知，在航线空域和过渡空域使用四种不同的隔离保障（系统）和间距概念。研究者报告称，当由管制员管理隔离保障并自动化管理间距时，航线空域的 SA 最高；当管制员同时管理这两个功能时，过渡空域的 SA 最高。

Vu 等（2009）报告说，与退休的空中交通管制员相比，接受空中交通管制培训的学生回答了更多的探查问题。

Durso 等（1999）将 SPAM 应用于空中交通管制场景的比较，结果没有发现显著性差异。Baker 等（2012）报告，使用低保真度飞行模拟器的飞行员数据通信和语音通信之间的 SPAM 得分没有显著性差异。Pierce（2012）报告则称，SPAM 减少了正确处理的飞机数量。

在空中交通管制以外的领域，Schuster 等（2012）报告了任务 2 的 SPAM 得分（即正确回答问题的数量）明显高于任务 3，而任务 3 中的人 - 机团队任务是在城市地形军事模拟行动（MOUT）中识别出现的士兵。

Loft 等（2015b）报告，两种任务负荷水平之间的 SPAM 问题反应的准确性或时间均没有显著性差异。Loft 等（2015a）从 117 名大学生完成的接触分类、最接近点和紧急上浮这三项潜艇任务中，比较了 SPAM、SAGAT、ATWIT、NASA TLX 和 SART 的评分，结果发现 SPAM 与 SART 无显著相关性，但与 ATWIT 和 NASA TLX 有显著相关性。

数据要求：必须确定问题以及测量反应延迟的开始时间。

阈值：未说明。

原书参考文献

［1］Baker, K.M., DiMare, S.K., Nelson, E.T., and Boehm-Davis, D.A. Effect of data communications on pilot situation awareness, decision making, and workload. Proceedings of the Human Factors and Ergonomics Society 56th Annual Meeting, 1787-1788, 2012.

［2］Durso, F.T., Hackworth, C.A., Truitt, T.R., Crutchfield, J., Nikolic, D., and Manning, C.A. *Situation*

Awareness as a Predictor of Performance in En Route Air Traffic Controllers (DOT/FAA/AM-99/3). Washington, DC: Office of Aviation Medicine, January 1999.

［3］Durso, F.T., Truitt, T.R., Hackworth, CA., Crutchfield, J. M., Ohrt, D., and Manning, CA. Expertise and chess: Comparing situation awareness methodologies. Proceedings of the International Conference on Experimental Analysis and Measurement of Situation Awareness, 295-303, 1995.

［4］Loft, S., Bowden, V., Braithwaite, J., Morrell, D.B., Huf, S., and Durso, F.T. Situation awareness measures for simulated submarine track management. Human Factors 57(2): 298-310, 2015a.

［5］Loft, S., Sadler, A., Braithwaite, J., and Huff, S. The chronic detrimental impact of interruptions in a simulated submarine track management task. Human Factors 57(8): 1417-1426, 2015b.

［6］Pierce, R.S. The effect of SPAM administration during a dynamic simulation. *Human Factors* 54 (5): 838-848, 2012.

［7］Schuster, D., Keebler, J.R., Jentsch, F., and Zuniga, J. Comparison of SA measurement techniques in a human-robot team task. Proceedings of the Human Factors Society 56th Annual Meeting, 1713-1717, 2012.

［8］Strybel, T.Z., Vu, K.L., Chiappe, D.L., Morgan, C.A., Morales, G., and Battiste, V. Effects of NextGen concepts of operation for separation assurance and interval management on air traffic controller situation awareness, workload, and performance. *International Journal of Aviation Psychology* 26(1-2): 1-14, 2016.

［9］Vu, K.P.L., Minakata, K., Nguyen, J., Kraut, J., Raza, H., Battiste, V., and Strybel, T.Z. Situation awareness and performance of student versus experienced air traffic controllers. In M.J. Smith and G. Salvendy (Eds.) *Human Interface*, Part II, HCII 2009, LNCS5618 (pp. 865-874), 2009.

3.1.10 作战环境的战术意识评级

概述：作战环境的战术意识评级（TRACE）是根据对定期情况报告的准确反应，以及从要求开始到完成所有项目所用的时间（Hall，2009）来估算 SA。

优势和局限性：Hall 等（2010）使用 TRACE 来比较基线、原型指令以及控制显示，发现原型指令有显著更短的反应延迟和显著更多的正确反应。

数据要求：必须确定问题以及测量响应时间。

阈值：未说明。

原书参考文献

［1］Hall, D.S. Raptor: An empirical evaluation of an ecological interface designed to increase warfighter cognitive performance. Master's Thesis. Naval Postgraduate School, Monterey, CA, June 2009.

［2］Hall, D.S., Shattuck, L.G., and Bennett, K.B. Evaluation of an ecological interface designed for military command and control. Proceedings of the Human Factors and Ergonomics Society 54th Annual Meeting, 423-427, 2010.

3.1.11　时间感知

概述：时间感知被定义为"操作员具备描述包括最近、过去和不久未来在内情况的能力"（Grosjean 和 Terrier，1999），它被假设为过程管理任务的关键。

优势和局限：时间感知已被测量作为如下用途，即在生产线任务中时间和顺序错误的数量，遵守时间限制的时段数量以及操作员为执行其任务而报告的时间标志。时间标志包括生产线的相对顺序，以及生产线位置的时钟和心理表征。

数据要求：必须用容差定义正确的时间和顺序以获取错误数据。任务汇报期间必须确定时间标志。

阈值：未说明。

原书参考文献

Grosjean, V., and Terrier, P. Temporal awareness: Pivotal in performance? Ergonomics 42(11): 1443–1456, 1999.

3.1.12　虚拟环境态势感知评级系统

概述：虚拟环境态势感知评级系统（VESARS）是一种在虚拟和现实世界培训环境中测量 SA 的软件工具。它有三个指标：①个人、共享和团队 SA 的实时 SA 问题；②问题专家对个人和团队 SA 的实时 SA 行为评级；③问题专家进行实时 SA 沟通评级（Strater 等，2013）。

优势和局限性：VESARS 已集成到虚拟《太空 2》训练套件。Scielzo 等（2010）使用 VESARS 测量训练比赛中两个中队长的 SA，他们的结论是如果评分者非常熟悉评级系统，VESARS 就可以成功地实时使用。

数据要求：明确的问题和训练有素的评分者。

阈值：0 ~ 100%。

原书参考文献

［1］Scielzo, S., Davis, F., Riley, J.M., Hyatt, J., Lampton, D., and Merlo, J. Leveraging serious games and advanced training technologies for enhanced cognitive skill development. Proceedings of the Human Factors and Ergonomics Society 54th Annual Meeting, 2408-2412, 2010.

［2］Strater, L., Riley, J., Davis, F., Procci, K., Bowers, C., Beidel, D., Brunnell, B., Proaps, A., Sankaranarayanan, G., Li, B., De, S., and Cao, C.G.L. Me and my VE, part 2. Proceedings of the Human Factors and Ergonomics Society 57th Annual Meeting, 2127-2131, 2013.

3.2　SA 的主观测量

SA 的主观测量具有 3.2 节中讨论的工作负荷主观测量的许多优势和局限性。优点包括：低成本、易于管理和高表面效度。缺点包括：难以测量受试者无法用语言描述的内容，以及需要对问题进行明确。

3.2.1　中国湖态势感知

概述：中国湖态势感知（CLSA）是一个基于贝德福德工作负荷评定量表的 5 级评分量表（表 3.2）。它是由中国湖海军空战中心设计的，用于测量飞行中的 SA（Adams，1998）。

优势和局限性：Jennings 等（2004）报告了一项与触觉态势感知系统相关的 CLSA 评分显著增加，该系统为维持飞机姿态提供触觉提示，该实验被试者是 11 名驾驶贝尔 205 直升机的飞行员。Bruce Hunn（2001）认为 CLSA 未能遵循评级量表设计中的常规做法，无法提供诊断结果，且不适合在一个测试环境中评定 SA。他认为该量表无法衡量 SA，因为它不包括 SA 的三个组成部分：感知、理解或预测。Hunn 进一步认为，其术语内部不一致，包括多个维度和复合问题，并且尚未得到验证。

数据要求：在飞行中要求机组人员使用 CLSA 评定量表评定其 SA 分数时，不得危及安全。

阈值：1（非常好）～ 5（非常差）。

表 3.2　中国湖 SA 评级量表

SA 量表分值		内容
非常好	1	对 a/c 能源状态 / 战术环境 / 任务的充分了解；完全预测 / 适应趋势的能力
好	2	对 a/c 能源状态 / 战术环境 / 任务的充分了解；不完全预测 / 适应趋势的能力；无工作放弃
合格	3	对 a/c 能源状态 / 战术环境 / 任务的充分了解；饱和预测 / 适应趋势的能力；一些次要工作的放弃
差	4	对 a/c 能源状态 / 战术环境 / 任务的适当了解；饱和预测 / 适应趋势的能力；所有次要工作以及许多对飞行安全 / 任务效能非必要工作的放弃
极差	5	对 a/c 能源状态 / 战术环境 / 任务的最低了解；过饱和预测 / 适应趋势的能力；所有对飞行安全 / 任务效能非绝对必要工作的放弃

原书参考文献

［1］Adams, S. Practical considerations for measuring situational awareness. Proceedings for the 3rd Annual Symposium and Exhibition on Situational Awareness in the Tactical Air Environment, 157-164, 1998.

［2］Jennings, S., Craig, G., Cheung, B., Rupert, A, and Schultz, K. Flight-test of a tactile situational awareness system in a land-based deck landing task. Proceedings of the Human Factors and Ergonomics Society 48th Annual Meeting, 142-146, 2004.

3.2.2 机组意识评定量表

概述：机组意识评定量表（CARS）有 8 个维度（表 3.3），从 1（理想情况）~ 4（最差情况）。

优势和局限性：McGuinness 和 Foy（2000）报告说，CARS 已成功地用于航空公司飞行员眼动、商用飞机座舱自动化托管以及军事指挥和控制的研究。仅在解决方案组件中，配备空中防撞系统（TCAS）的飞行员和那些没有配备的飞行员之间存在显著性差异。

McGuinness 等（2000）使用 CARS 比较了传统以及数字化指令控制显示器之间的 SA，发现在数字化条件下大画面显示具有显著更高的 SA。McGuinness 和 Ebbage（2002）使用 CARS 评估了皇家军事科学院 7 个指挥官/作战军官团队的 SA。全部 7 个小组完成了两次（每次两小时）的陆地侦察任务，一个任务携带标准无线电通信工具，另一个携带数字地图和电子文本信息工具。结果显示，对任务信息内容的评级在练习中逐渐提高，而对任务信息处理的评级在标准版本和数字化版本之间则没有显著性差异。但是除了指挥官在使用标准无线电时可将理解能力评得更高的之外，其他则在数字版本的内容评级上更高。

CARS 也被用于评估工作负荷、团队合作、SA 和绩效之间的关系（Berggren 等，2011）。在一项被试者为 18 支大学生组成的双人小组执行扑灭一场虚拟火灾的研究中，主成分分析（PCA）结果显示，8 个 CARS 问题中有 7 个被确定为评估团队合作的潜在因素。其他因素还包括绩效、工作负荷和团队合作。在最近的一项被试者是 11 名前任或现任空中交通管制员的航空研究中，Stelzer 等（2013）报告称，通过 CARS 测量显示，无论是否有显示器被占用，SA 都没有差异。

数据要求：使用标准 CARS。

表 3.3 CARS 评定量表的各项定义

感知 – 对新信息的认识	1. 感知的内容——是否可靠和准确？
	2. 感知过程——是否易于保持？
理解 – 对内容信息的理解	3. 理解的内容——是否可靠和准确？
	4. 理解的过程——是否易于保持？
预测 – 对未来可能发展的预测	5. 预测内容——是否可靠和准确？
	6. 预测过程——是否易于保持？
整合 – 将上述内容与自己的行动方案相结合	7. 整合内容——是否可靠和准确？
	8. 整合过程——是否易于保持？

原书参考文献

[1] Berggren, P., Prytz, E., Johansson, B., and Nahlinder, S. The relationship between workload, teamwork, situation awareness, and performance in teams: A micro-world study. Proceedings of the Human Factors and Ergonomics Society 55th Annual Meeting, 851-855, 2011.

[2] Foy, L., and McGuinness, B. Implications of cockpit automation for crew situational awareness. Proceedings of the 1st Human Performance, Situation Awareness and Automation: User-Centered Design for the New Millennium, 101-106, 2000.

[3] McGuinness, B., and Ebbage, L. *Assessing Human Factors in Command and Control: Workload and Situational Awareness Metrics*. Bristol, United Kingdom: BAE Systems Advanced Technology Centre, May 2002.

[4] McGuinness, B., and Foy, L. A subjective measure of SA: The Crew Awareness Rating Scale (CARS). Proceedings of the Human Performance, Situation Awareness, and Automation Conference, 286-291, 2000.

[5] McGuinness, B., Foy, L., and Forsey, T. Battlespace digitization: SA issues for commanders. Proceedings of the First Human Performance, Situation Awareness and Automation: User-Centered Design for the New Millennium, 125, 2000.

[6] Stelzer, E.K.M., Chong, R.S., Stevens, R.K., and Nene, V.D. Controller use of a block occupancy-based surface surveillance display for surface management. Proceedings of the Human Factors and Ergonomics Society 57th Annual Meeting, 51-55, 2013.

3.2.3 机组人员态势感知

概述：Mosier 和 Chidester（1991）开发了一种测量航空运输机机组人员态势感知的方法。观察专家对机组人员的协作绩效进行评定，并识别和评级其绩效差错（类型 1，轻微差错；类型 2，一般的严重差错；类型 3，主要操作的严重差错）。然后，由专家制订信息传递矩阵来确定项目请求（提示）和口头回应的时间及来源，并将信息分为决策或非决策性信息。

优势和局限性：该方法对错误类型和决策提示很敏感。

数据要求：该方法要求机组人员之间进行公开和频繁的沟通，它还需要一个观察专家小组来制订信息传递矩阵。

阈值：未说明。

原书参考文献

Mosier, K.L., and Chidester, T.R. Situation assessment and situation awareness in a team setting. In RM. Taylor (Ed.) *Situation Awareness in Dynamic Systems (1AM Report 708)*. Farnborough, UK: Royal Air Force Institute of Aviation Medicine, 1991.

3.2.4　任务意识评定量表

概述：任务意识评定量表（MARS）是一个设计用于步兵人员的 8 题评定量表（表 3.4）。

优势和局限性：Matthews 和 Beal（2002）要求 16 名美国军事学院学员在营级演习中提供 MARS 评级，发现排长对自身的 SA 评分高于班长。

数据要求：完成 8 个问题的评分。

阈值：内容和工作负荷的阈值为 0 ~ 3 分。

表 3.4　任务意识评定量表

说明：请回答以下关于你刚刚完成任务的问题。你对这些问题的回答对帮助我们评估这个训练的效果很重要。核对这些回答以最适合你的经验。前四个问题涉及你检测和理解任务中出现的重要线索的能力。

1. 请评价您在本任务中识别关键任务线索的能力。

非常容易——能够识别所有线索

相当容易——可以识别大多数线索

有些困难——许多线索难以识别

非常困难——在识别大多数线索方面存在实质性问题

2. 你对执行任务期间发生的事情了解多少？

非常好——完全了解情况的发展

相当好——了解大部分情况

有点差——很难了解大部分情况

非常差——完全不了解情况

3. 你能在多大程度上预测任务接下来会发生什么？

非常好——能够准确预测即将发生的事情

相当好——可以在大部分时间做出准确的预测

有点差——大部分时间都误解了形势

非常差——无法预测即将发生的事情

4. 在这次任务中，你对如何最好地实现目标有多清楚？

非常清楚——在任何时候都知道如何实现目标

相当清楚——大部分时间都知道如何实现任务目标

有点不清楚——不知道如何实现一些目标

非常不清楚——通常不知道如何实现目标

最后四个问题询问你在任务中发现和理解重要线索有多难

5. 就所需的脑力劳动而言，你在任务中识别或检测关键任务线索的难度有多大？

非常容易——可以毫不费力地识别相关线索

相当容易——可以识别相关线索，但需要付出一些努力

有些困难——需要付出一些努力来识别大多数线索

非常困难——需要付出大量努力来识别相关线索

6. 就所需的脑力劳动而言，你理解任务期间发生的事情有多难？

非常容易——毫不费力就理解发生了什么

相当容易——只需适度的努力就理解发生了什么，

有点困难——很难理解情况的某些方面

非常困难——很难理解情况的大部分或全部

7. 就所需的脑力劳动而言，预测在任务期间即将发生的事情有多困难？

非常容易——几乎不需要或根本不需要付出任何努力

相当容易——需要适度的努力

有些困难——许多预测都需要付出大量努力

非常困难——大多数或所有预测都需要付出大量努力

8. 就脑力劳动而言，在这次任务中决定如何最好地实现任务目标有多难？

非常简单——几乎不需要或根本不需要努力

相当容易——需要适度的努力

有些困难——在某些决策上需要付出大量努力

非常困难——大多数或所有的决定都需要付出巨大的努力（Matthews 和 Beal，2002）

原书参考文献

Matthews, M.D., and Beal, S.A. *Assessing Situation Awareness in Field Training Exercises (Research Report 1795).* Alexandria, VA: U.S: Army Research Institute for the Behavioral and Social Sciences, September 2002.

3.2.5 人机界面评级和评价系统

概述：人机界面评级和评价系统（HiRes）是 Budescu 等（1986）开发的一种通用的判断尺度分析技术。

优势和局限性：HiRes 已被用于评估 SA（Fracker 和 Davis，1990），这些作者报告了模拟操作中敌机数量对 HiRes 评分有显著效应。

数据要求：在所有评分状态下，HiRes 评分的总和为 1.0。

阈值：0 ~ 1.0。

原书参考文献

［1］Budescu, D.V., Zwick, R., and Rapoport, A A comparison of the Eigen value and the geometric mean procedure for ratio scaling. *Applied Psychological Measurement* 10(1): 69-78, 1986.

［2］Fracker, M.L., and Davis, S.A. Measuring operator situation awareness and mental workload. Proceedings of the 5th Mid-Central Ergonomics/ Human Factors Conference, 23- 25, 1990.

3.2.6 SHAPE 的态势感知

概述：SHAPE 的态势感知（SASHA）是作为欧洲空中交通管理的人类自动化伙伴解决方案（SHAPE）中的一部分发展起来的。SASHA 有两种形式：①在线 SASHA（SASHA_L）是由一组题目组成的；② SASHA 问卷（SASHA_Q）是由与空中交通管制员明确的 SA 元素相关问题组成的（Straeter 和 Woldring，2003）。对于 SASHA-L，专家查看空中交通管制员的显示器，并实时询问 SA 的相关问题。这些问题由专家根据其操作重要性进行评级（Straeter 和 Woldring，2003）。空中交通管制员回答问题的时间被评定为正常、过长或太短。问题示例如下：下一步需要转移哪架飞机？（Straeter 和 wolding，2003）。SASHA_Q 是一份自我评分问卷，图 3.3 中给出了一个示例。

上一个工作期间

	从不	很少	有时	往往	时常	经常	总是
1）……我在车流的前面	0	1	2	3	4	5	6
2）……我开始关注一个问题或行业的特定领域	0	1	2	3	4	5	6

图 3.3 SASHA（Dehm，2008）

优势和局限性：Dehn（2008）描述了开发 SASHA 采取的过程步骤，①文献综述，以获得初始项目集；②基于需求的综述，便于管理、易于理解、格式一致并提供计分键；③收集专家反馈；④初步实证研究，该研究被试者是 24 名完成 SASHA 的现役空中交通管制员。如果问卷中的项目降低了内部一致性或是冗余的，则会将其从问卷中删除。Jipp 和 Papenfuss（2011）报告了其复制量表的问题，发现了与先前研究相反的结果。被试者是 12 名专业塔台管制员，他们在空域模拟任务中进行组队工作，在三次模拟任务中的每一次之后均完成 SHAPE 团队工作问卷（STQ）。

数据要求：数据来自对量表各项目的回答。SASHA 的计分键可从 EUROCONTROL 总部获得，它包括正向和反向问题的分数。此外还有一份用户指南（EUROCONTROL 版本 0.1，2007 年 7 月 30 日）。

阈值：由于数据是来自于等级分类量表，在对数据进行统计分析时必须进行相应处理。非参数统计可能是最合适的分析方法。

原书参考文献

［1］Dehn, D.M. Assessing the impact of automation on the air traffic controller: The SHAPE questionnaires. *Air Traffic Control Quarterly* 16(2): 127-146, 2008.

［2］EUROCONTROL. *The New SHAPE Questionnaires: A User's Guide*. Edition Number 0.1. 30 July 2007. http://www.eurocontrol.int/humanfactors/public/standard_page/15_newsletter_SHAPE.html.

［3］Jipp, M., and Papenfuss, A. Reliability and validity of the SHAPE Teamwork Questionnaire. Proceedings of the Human Factors and Ergonomics Society 55th Annual Meeting, 115-119, 2011.

［4］Straeter, O., and Woldring, M. *The Development of Situation Awareness Measures in ATM Systems* (*HRS/HSP-005-REP-01*). Brussels: EATMP lnfocenter. EUROCONTROL Headquarters, June 27, 2003.

3.2.7 态势感知行为评定量表

概述：态势感知行为评定量表（SABARS）是一个包括 28 个问题的评定量表，由观察员完成，用于测量步兵的态势感知（表 3.5）。

优势和局限性：Matthews 和 Beal（2002）在一次营级演习中要求 6 名步兵军官和 4 名步兵士官对 16 所美国军事学院进行评分，军官和士官的评分没有显著性差异。在早期的一项研究中，Matthews 等（2000）建议同时使用三种 SA 测量技术：SABARS、SAGAT 和被试者情境意识问卷（PSAQ）。

数据要求：完成 28 个问题的评分。

阈值：每个问题 1 ~ 6 分。

表 3.5 态势感知行为评定量表

评分标准：

1. 非常差

2. 差

3. 边界状态

4. 好

5. 非常好

6. 不适用 / 无法表述

评级（圈出一个）

1. 设置适当的告警级别	1 2 3 4 5 6
2. 向下属征求信息	1 2 3 4 5 6
3. 向平民征求信息	1 2 3 4 5 6
4. 向指挥官征求信息	1 2 3 4 5 6
5. 与其他排 / 班长的协作效果	1 2 3 4 5 6
6. 向指挥官传达关键信息	1 2 3 4 5 6
7. 向下属传达关键信息	1 2 3 4 5 6
8. 向其他排 / 班长传达关键信息	1 2 3 4 5 6
9. 监控连队网络	1 2 3 4 5 6
10. 收到的评估信息	1 2 3 4 5 6
11. 询问相关信息	1 2 3 4 5 6
12. 从战术上利用班 / 火力组收集所需信息	1 2 3 4 5 6
13. 采用图形或其他控制措施执行任务	1 2 3 4 5 6

续表

14. 与班 / 火力组沟通情况和指挥意图	1 2 3 4 5 6
15. 使用标准报告程序	1 2 3 4 5 6
16. 向班 / 火力组领导确定关键任务	1 2 3 4 5 6
17. 确保覆盖了所有途径	1 2 3 4 5 6
18. 将自己定位在有利位置，可观察主要行动	1 2 3 4 5 6
19. 部署部队维持排 / 班的通信	1 2 3 4 5 6
20. 使用资源有效评估环境	1 2 3 4 5 6
21. 作为领导完成侦查任务以评估地形和态势	1 2 3 4 5 6
22. 识别观察点、途径、关键地形、障碍物、掩护和隐蔽	1 2 3 4 5 6
23. 评估关键发现和异常事件	1 2 3 4 5 6
24. 从地图、记录和支持站点信息中识别关键信息	1 2 3 4 5 6
25. 识别收到报告的关键信息	1 2 3 4 5 6
26. 预测未来的可能性并制订应急计划	1 2 3 4 5 6
27. 收集需要的后续信息	1 2 3 4 5 6
28. 总体态势感知评分	1 2 3 4 5 6

注：摘自 Matthews 和 Beal（2002）。

原书参考文献

［1］Matthews, M.D., and Beal, S.A. *Assessing Situation Awareness in Field Training Exercises (Research Report 1795)*. Alexandria, VA: U.S. Army Research Institute for the Behavioral and Social Sciences, September 2002.

［2］Matthews, M.D., Pleban, R.J., Endsley, M.R., and Strater, L.D. Measures of infantry situation awareness for a virtual MOUT environment. Proceedings of the Human Performance, Situation Awareness and Automation: User Centered Design for the New Millennium Conference, 262-267, 2000.

3.2.8　态势感知控制室问卷

概述：态势感知控制室问卷（SACRI）是为了评估核电站操作员的 SA 而开发的。它包括四组问题，第一组问题将当前情况与最近的情况进行比较（初级循环有 19 个问题；次级循环有 20 个问题）。第二组问题将当前情况与正常操作进行比较，但使用与第一组相同的问题。第三组问题要求操作员预测未来几分钟的系统状态。同样，第四组使用了相同的问题，但评级为："①增加 / 相同；②减少 / 相同；③增加 / 相同 / 减少；④增加一次以上 / 增加一次 / 相同 / 减少一次 / 减少一次以上 / 双向变化"（Hogg 等，1995）。

优势和局限性：Hogg 等（1995）报告了四项核电站模拟器研究的结果并得出相关结论，即 SACRI 提供了一种敏感的 SA 测量技术，但需要经验丰富的人员完成测量。

数据要求：将被试者的反应与真实核电站工作状态进行比较。

阈值：未说明。

原书参考文献

Hogg, D.N., Foiles, K., Strand-Volden, F., and Torralba, B. Development of a situation awareness measure to evaluate advanced alarm systems in nuclear power plant control rooms. *Ergonomics* 38(11): 2394-2413, 1995.

3.2.9 态势感知评定技术

概述：态势感知评定技术（SART）（图 3.4）（Taylor，1990）是一种问卷调查方法，专注于测量操作员在 3 个领域的认识：①对注意力资源的需求；②注意力资源的供应；③对态势的理解（图 3.3、图 3.4、表 3.6）。SART 之所以测量 3 个不同的维度（也有一个 10 维版本），是因为 SART 开发人员提出，与工作负荷一样，SA 也是一个复杂的结构。因此，为了测量 SA 的所有方面，就需要设计独立的测量维度。由于信息处理和决策与 SA 有着密不可分的联系（因为 SA 主要涉及认知负荷而非身体负荷），因此 SART 已在拉斯穆森模型下基于技能、规则和知识的行为进行测试。Selcon 和 Taylor（1989）分别对 SART 与基于规则和知识的决策之间的关系进行了单独研究，结果表明，SART 评分似乎可以提供判断依据，因为它们与两种类型决策的绩效指标显著相关。

优势和局限性：SART 是一种主观测量方法，因此存在所有主观方法都固有的可靠性问题。Taylor 和 Selcon（1991）指出，"通过描述改进、区间调整和使用联合缩放技术将多维评级减缩为一个单一的 SA 分数"，该技术仍可有相当大的发展空间。这些作者进一步指出，"注意供应结构的判断效用尚未得到令人信服的证明"。

SART 其优势在于很容易实施，并分为三个逻辑阶段进行构建：①场景生成；②构念抽取；③构造结构验证（Taylor，1989）。SART 已被规定用于比较系统的设计评估（Taylor 和 Selcon，1991），如已被用于航空、网络安全、军事行动、潜艇和水面运输，也被用于测量认知兼容性。

	低						高
	1	2	3	4	5	6	7

需要	形势的不稳定性
	可变性
	形势的复杂性
供应	唤醒度
	备用心理容量
	专注度
	注意力分配
理解	信息数量
	信息质量
	熟悉

图 3.4　态势感知评定技术的维度

表 3.6　SART 评定量表的定义

对注意力资源的需求	不稳定性：态势突然变化的可能性
	复杂性：态势的复杂程度
	可变性：态势变化的变量数
注意力资源的供应	唤醒度：活动准备程度
	专注度：活动准备程度
	分配：态势中的关注程度
	空间容量：为新变量留出的关注量
对态势的理解	信息数量：收到和未收到的信息数量
	信息质量：所获得信息的优度

（Taylor and Selcon, 1991）

航空：SART 对飞机姿态恢复任务和学习理解任务的绩效差异很敏感（Selcon 和 Taylor，1991；Taylor 和 Selcon，1990）。SART 对飞行员经验（Selcon 等，1991）、模拟飞行任务中天气信息的时效性（Bustamante 等，2005）以及固定基飞行模拟器中飞行显示器的视场和尺寸也很敏感（Stark 等，2001）。Wilson 等（2002）报告了与替代平视显示器符号体系相关的 SART 评分的显著性差异，被试者是 27 名在固定基模拟器中进行滑行操作的飞行员。Boehm-Davis 等（2010）报告称，飞行员在使用数据通信方面的感知明显低于使用语音，该实验的被试者是 24 名运输飞行员，数据是在模拟器中收集的。Burke 等（2016）在 Piaggio Avanti P180 中使用轨迹优化系统，使用 SART 评估了 12 名飞行员的 SA。

Selcon 等（1992）使用 SART 来评估视觉、听觉或两者组合的驾驶舱警告的有效性，发现对视觉警告的需求明显大于对听觉或两者组合的需求。然而，在这些条件下，供应和理解的评级都没有显著性差异。同样，Selcon 等（1996）报告称，当飞行员在飞行作战模拟过程中可以看到发射成功区的显示时，SART 得分显著更高。而通过这种显示，理解力、信息数量和信息质量也显著提高，并且对需求或供应评级都没有影响。Strybel 等（2007）报告称，9 名仪表飞行级别飞行员在模拟盲降（仪表着陆系统）进近后回答了 7 个探查问题，其中 3 个问题的回答和 SART 综合评分、对 SART 的理解和 SART 需求等方面都有重要的预测效应。

Vidulich 等（1995）报告称，基于 PC 的飞行模拟难度增加时，SART 需求量表得分也增加了，但供应量表或理解量表得分没有增加。当提供额外信息时可以增加理解量表得分，但没有增加需求量表或供应量表得分。Crabtree 等（1993）报告称，在模拟空对地攻击中，SART 的总体评分可以区分 SA，而简化总体 SA 评分则不能。总体 SART 的重测信度并不显著。See 和 Vidulich（1997）报道了目标和显示类型对 SART 的显著影响，总体 SART 以及供应和理解量表与工作负荷显著相关（分别为 r=−0.73，−0.75 和 −0.82）。

在一项大型实验（80 名男性和 180 名女性）中，Fink 和 Major（2000）将直升机飞行模拟游戏的相关 SART 和 SALIENT（狼人与科曼奇）进行了比较。作者报告称，SALIENT 具有更好的测量特征，但 SART 使他们能够评估游戏和操作员之间的互动。在另一架直升机（黑鹰直升机模拟器）中，Casto 和 Casali（2010）报告了操纵工作负荷（能见度降低，操纵次数增加，通信次数增加）和通信信号质量对 SART 评级有显著影响。Brown 和 Galster（2004）报告称，在模拟飞行任务中改变自动化的可靠性对 SART 没有显著影响，该研究被试者是 8 名男性飞行员。

Verma 等（2010）使用 SART 来评估商用飞机之间，以及直线进近和转弯进近之间的时间间隔。该研究被试者是 3 名退休的商业飞行员，由于数据较小没有进行统计分析，然而作者得出结论，5 s 和 10 s 的间隔或路径类型之间没有差异。

在空中交通管制场景中，Vu 等（2009）报告称，在低空中交通密度场景的 SA 显著高于高空中交通密度场景。Taylor 等（1995）报告了 ATC 任务中 3 维和 10 维 SART 评分的显著性差异。随着受控飞机数量的变化（信息数量、信息质量和熟悉度），10 维 SART 量表中只有 3 个量表没有显示出显著影响。Durso 等（1999 年）报告称，空中交通管制员在理解和 SA 之间几乎没有区别。

被试者根据他们对四个自动化系统复杂性的评价被分为两组，第 1 组在所有研究条件下的 SART 评分均显著高于第 2 组。

网络安全：在一项网络威胁检测任务中，Giacobe（2013）发现经验对 SART 评分没有显著性影响，但在注意力分配、信息数量和熟悉程度这三个 SART 量表上，信息的文本和图形两种呈现方式之间存在显著性差异。

军事行动：Schuster 等（2012）报告了 SART 评分之间存在着显著交互作用，因此高信息第一组在第三次任务中的 SART 评分高于第二次任务。该任务是在一项模拟城市地域军事行动（MOUT）中识别士兵的隶属关系，是由人 - 机团队完成的。

潜艇：Huf 和 French（2004）报告称，SART 对虚拟潜艇环境中的态势理解程度较低，而 SAGAT 的理解程度较高，体现为其正确的反应。Loft 等（2015）比较了 117 名执行 3 项潜艇任务的本科生的 SPAM、SAGAT、ATWIT、NASA TLX（美国航空航天局任务负荷指数量表）和 SART 评分，该三项任务为接触鉴定、最近会遇点和紧急上浮。SPAM 与 SART 无显著相关性，但与 ATWIT 和 NASA TLX 有显著相关性。

地面运输：Read 和 Sallam（2017）使用 SART 比较了接受虚拟现实头戴式显示器、真实驾驶和平显屏幕培训驾驶员的 SA，报告称，三种训练环境之间没有显著性差异。

认知兼容性：SART 被修改用于测量认知兼容性（认知兼容性态势感知评定技术，CC-SART），以评估 Gripen 战斗机中颜色编码的影响（Derefeldt 等，1999）。CC-SART 有三个主要量表和 10 个附属量表。在一项研究中只使用了三个主要量表：①处理水平；②推理的容易程度；③知识的激活，该研究的被试者是 7 名瑞典战斗机飞行员，他们使用平视显示器对敌机进行模拟跟踪，并在下视显示器上检测目标。单色显示器的 CC-SART 指数最低，双色显示器最高。然而，下视显示检测目标的最短反应时则发生在多色显示器上。Parasuraman 等（2009）对多辆无人驾驶车辆的监督中使用 CC-SART 评估了三种自动化模式（手动、静态自动化、自动目标识别）。这些研究人员报告称，处理水平的得分明显低于推理的难易程度。

数据要求：数据是按顺序排列的；不能隐含间隔或比例属性。

阈值：未说明。

原书参考文献

［1］Boehm-Davis, D.A., Gee, S.K., Baker, K., and Medina-Mora, M. Effect of party line loss and delivery format on crew performance and workload. Proceedings of the Human Factors and Ergonomics Society 54th Annual Meeting, 126-130, 2010.

[2] Brown, R.D., and Galster, S.M. Effects of reliable and unreliable automation on subjective measures of mental workload, situation awareness, trust and confidence in a dynamics flight task. Proceedings of the Human Factors and Ergonomics Society 48th Annual Meeting, 147-151, 2004.

[3] Burke, K.A., Wing, D.J., and Haynes, M. Flight test assessments of pilot workload, system usability, and situation awareness of TASAR. Proceedings of the Human Factors and Ergonomics Society 60th Annual Meeting, 61-65, 2016.

[4] Bustamante, E.A., Fallon, C.K., Bliss, J.P., Bailey, W.R., and Anderson, B.L. Pilots' workload, situation awareness, and trust during weather events as a function of time pressure, role assignment, pilots' rank, weather display, and weather system. *International Journal of Applied Aviation Studies* 5(2): 348-368, 2005.

[5] Casto, L.K.L., and Casali, J.G. Effect of communications headset, hearing ability, flight workload, and communications signal quality on pilot performance in an Army Black Hawk helicopter simulator. Proceedings of the Human Factors and Ergonomics Society 54th Annual Meeting, 80-84, 2010.

[6] Crabtree, M.S., Marcelo, R.A.Q., McCoy, AL., and Vidulich, M.A. An examination of a subjective situational awareness measure during training on a tactical operations trainer. Proceedings of the 7th International Symposium on Aviation Psychology, 891-895, 1993.

[7] Derefeldt, G., Skinnars, Ö., Alfredson, J., Eriksson, L., Andersson, P., Westlund, J., Berggrund, U., Holmberg, J., and Santesson, R. Improvement of tactical situation awareness with color-coded horizontal-situation displays in combat air-craft. *Displays* 20(4): 171-184, 1999.

[8] Durso, F.T., Hackworth, C.A., Truitt, T.R., Crutchfield, J., Nikolic, D., and Manning, C.A. *Situation Awareness as a Predictor of Performance in En Route Air Traffic Controllers* (*DOT/FAA/AM-99/3*). Washington, DC: Office of Aviation Medicine, January 1999.

[9] Fink, A.A., and Major, D.A. Measuring situation awareness: A comparison of three techniques. Proceedings of the 1st Human Performance, Situation Awareness and Automation: User-Centered Design for the New Millennium, 256-261, 2000.

[10] Giacobe, N.A. A picture is worth a thousand words. Proceedings of the Human Factors and Ergonomics Society 57th Annual Meeting, 172-176, 2013.

[11] Gregg, S., Martin, L., Homola, J., Lee, P., Mercer, J., Brasil, C., Cabrall, C., and Lee, H. Shifts in air traffic controllers' situation awareness during high altitude mixed equipage operations. Proceedings of the Human Factors and Ergonomics Society 56th Annual Meeting, 95-99, 2012.

[12] Huf, S., and French, H.T. Situation awareness in a networked virtual submarine. Proceedings of the Human Factors and Ergonomics 48th Annual Meeting, 663-667, 2004.

[13] Loft, S., Bowden, V., Braithwaite, J., Morrell, D.B., Huf, S., and Durso, F.T. Situation awareness measures for simulated submarine track management. *Human Factors* 57(2): 298-310, 2015.

[14] Parasuraman, R., Cosenzo, K.A., and Visser, E.D. Adaptive automation for human supervision of multiple uninhabited vehicles: Effects on change detection, situation awareness, and mental workload. *Military Psychology*, 21(2): 270-297, 2009.

［15］ Read, J.M., and Sallam, J.J. Task performance and situation awareness with a virtual reality head-mounted display. Proceedings of the Human Factors and Ergonomics 61st Annual Meeting, 2105-2109, 2017.

［16］ Schuster, D., Keebler, J.R., Jentsch, F., and Zuniga, J. Comparison of SA measurement techniques in a human-robot team task. Proceedings of the Human Factors Society 56th Annual Meeting, 1713-1717, 2012.

［17］ See, J.E., and Vidulich, M.A. Assessment of computer modeling of operator mental workload during target acquisition. Proceedings of the Human Factors and Ergonomics Society 41st Annual Meeting, 1303-1307, 1997.

［18］ Selcon, S.J., Hardiman, T.D., Croft, D.G., and Endsley, M.R. A test-battery approach to cognitive engineering: To meta-measure or not to meta-measure, that is the question! Proceedings of the Human Factors and Ergonomics Society 40th Annual Meeting, 228-232, 1996.

［19］ Selcon, S.J., and Taylor, R.M. Evaluation of the situational awareness rating technique (SARI) as a tool for aircrew systems design. AGARD Conference Proceedings No. 478, Neuilly-sur-Seine, France, 1989.

［20］ Selcon, S.J., and Taylor, R.M. Decision support and situational awareness. In R.M. Taylor (Ed.) *Situational Awareness in Dynamic Systems* (*IAM Report 708*). Farnborough, UK: Royal Air Force Institute of Aviation Medicine, 1991.

［21］ Selcon, S.J., Taylor, R.M., and Koritsas, E. Workload or situational awareness? TLX vs. SARI for aerospace systems design evaluation. Proceedings of the Human Factors Society 35th Annual Meeting, 62-66, 1991.

［22］ Selcon, S.J., Taylor, R.M., and Shadrake, R.A. Multi-modal: Pictures, words, or both? Proceedings of the Human Factors Society 36th Annual Meeting, 57-61, 1992.

［23］ Stark, J.M., Comstock, J.R., Prinzel, L.J., Burdette, D.W., and Scerbo, M.W. A preliminary examination of situation awareness and pilot performance in a synthetic vision environment. Proceedings of the Human Factors and Ergonomics Society 45th Annual Meeting, 40-43, 2001.

［24］ Strybel, T.Z., Vu, K.L., Dwyer, J.P., Kraft, J., Ngo, T.K., Chambers, V., and Garcia, F.P. Predicting perceived situation awareness of low altitude aircraft in terminal airspace using probe questions. *Human-Computer Interaction. Interaction Design and Usability. Lecture Notes in Computer Science (volume 4550)*. Berlin: Springer, July 2007.

［25］ Taylor, R.M. Situational awareness rating technique (SARI): The development of a tool for aircrew systems design. Proceedings of the NATO Advisory Group for Aerospace Research and Development (AGARD) Situational Awareness in Aerospace Operations Symposium (AGARD-CP-478), October 1989.

［26］ Taylor, R.M. *Situational Awareness: Aircrew Construcsfor Subject Estimation* (*IAM-R-670*). Farnborough, UK: Institute of Aviation Medicine, 1990.

［27］ Taylor, R.M., and Selcon, S.J. Understanding situational awareness. Proceedings of the Ergonomics Society's 1990 Annual Conference, 105-111, 1990.

［28］ Taylor, R.M., and Selcon, S.J. Subjective measurement of situational awareness. In R.M. Taylor (Ed.) *Situational Awareness in Dynamic Systems* (*JAM Report 708*). Farnborough, UK: Royal Air Force

163

Institute of Aviation Medicine, 1991.

［29］Taylor, R.M., Selcon, S.J., and Swinden, A.D. Measurement of situational awareness and performance: A unitary SART index predicts performance on a simulated ATC task. Proceedings of the 21st Conference of the European Association for Aviation Psychology. Chapter 41, 1995.

［30］Verma, S., Lozito, S.C., Ballinger, D.S., Trot, G., Hardy, G.H., Panda, R.C., Lehmer, R.D., and Kozon, T.E. *Preliminary Human-in-the-Loop Assessment of Procedures for Very-Closely-Spaced Parallel Runways* (*NASA/TM-2010-216026*). Moffett Field, California: NASA Ames Research Center, April 2010.

［31］Vidulich, M.A., McCoy, A.L., and Crabtree, M.S. The effect of a situation display on memory probe and subjective situational awareness metrics. Proceedings of the 8th International Symposium on Aviation Psychology, 765-768, 1995.

［32］Vu, K.L., Minakata, K., Nguyen, J., Kraut, J., Raza, H., Battiste, V., and Strybel, T.Z. Situation awareness and performance of student versus experienced air traffic controllers. In M.J. Smith and G. Salvendy (Eds.) *Human Interface*, Part II, HCII 2009, LNCS5618 (pp. 865- 874), 2009.

［33］Wilson, J.R., Hooey, B.L., Foyle, D.C., and Williams, J.L. Comparing pilots' taxi performance, situation awareness and workload using command-guidance, situation-guidance and hybrid head-up display symbologies. Proceedings of the Human Factors and Ergonomics Society 46th Annual Meeting, 16-20, 2002.

3.2.10　态势感知主观工作负荷优势

概述：态势感知主观工作负荷优势技术（SA-SWORD）使用判断矩阵来评估态势感知。

优势和局限性：Fracker 和 Davis（1991）评估了 SA 在三项任务上的替代测量方法：①闪光检测；②颜色识别；③定位。对物体位置、颜色、闪光和心理负荷的感知进行评分。使用配对比较技术收集所有评分，其中颜色不一致降低了 SA 并增加了工作负荷，闪光概率则对评分没有显著影响。Ruff 等（2000）报告称，通过准许自动化模式进行管理的 SA 显著高于手动控制或例外管理，该实验的任务是控制一辆、两辆或四辆远程操作的车辆。然而，Snow 和 Reising（2000）发现 SAGAT 和 SA-SWORD 之间没有显著的相关性，而且只有 SA-SWORD 在模拟飞行中显示出能见度和合成地形类型的显著统计效应。

数据要求：需要三个步骤：①必须完成一份评分表，列出所执行任务中所有可能的成对比较；②每个被试者必须填写一个对任务评价的判断矩阵，将每个任务与其他任务进行比较；③必须使用几何平均法计算评分。

阈值：未说明。

原书参考文献

[1] Fracker, M.L., and Davis, S.A. *Explicit, Implicit, and Subjective Rating Measures of Situation Awareness in a Monitoring Task (AL-TR-1991-0091)*. OH: Wright-Patterson Air Force Base, October 1991.

[2] Ruff, H.A., Draper, M.H., and Narayanan, S. The effect of automation level and decision aid fidelity on the control of multiple remotely operated vehicles. Proceedings of the 1st Human Performance, Situation Awareness and Automation: User-Centered Design for the New Millennium, 2000.

[3] Snow, M.P., and Reising, J.M. Comparison of two situation awareness metrics: SAGAT and SA-SWORD. Proceedings of the IEA 2000/ HFES 2000 Congress, vol. 3, 49-52, 2000.

3.2.11　态势感知监测评定量表

概述：Carretta 等（1996）开发了态势感知监测评定量表，用于测量 F-15 飞行员的态势感知能力。该量表有 31 个项目，内容包括从一般特征到战术使用（表 3.7）。

表 3.7　态势感知监测评定量表

评级者编号：_____

飞行员编号：_____

项目评级	与其他 F-15C 飞行员比较的相对能力					
	可接受的		良好		优秀	
	1	2	3	4	5	6

一般特征
1. 纪律
2. 果断
3. 战术知识
4. 时间共享能力
5. 推理能力
6. 空间能力
7. 飞行管理

战术行动计划
8. 制订计划
9. 执行计划
10. 动态调整计划

系统操作
11. 雷达
12. 战术电子战系统
13. 总体武器系统熟练程度

评级者编号：＿＿＿＿＿＿＿＿＿＿＿＿＿＿＿＿＿

飞行员编号：＿＿＿＿＿＿＿＿＿＿＿＿＿＿＿＿

项目评级	与其他 F-l5C 飞行员比较的相对能力					
	可接受的		良好		优秀	
	1	2	3	4	5	6

通信

14. 质量（简洁、准确、及时、完整）

15. 有效使用通信 / 信息的能力

信息理解

16. 理解垂直状态显示器

17. 理解雷达报警器

18. 有效使用机载预警与控制系统 / 地面控制拦截系统的能力

19. 理解整体信息（驾驶舱显示器、驾驶员通信、指挥员通信）

20. 雷达信号分类

21. 啮合几何形状分析

22. 威胁优先级

超视距武器的战术使用

23. 目标确定

24. 射击点选择

目视操纵的战术使用

25. 持续跟踪不明飞行物 / 友方

26. 威胁评估

27. 武器使用

常规战术使用

28. 评估进攻 / 防守

29. 警戒（垂直状态显示器判读、雷达报警器监测、目视警戒）

30. 防御反应（箔条、照明弹、机动等）

31. 相互支持

总体态势感知 [a]

总体作战能力

注：项目 1 ~ 31 用于监测评级。总体作战能力和态势感知项目由监测者和同伴共同完成（Carretta et al., 1996）。

优势和局限性：Carretta 等（1996）报告称，同伴和监测评定中 92.5% 的差异是由一个主成分造成的，量表评定的最佳预测因素是飞行经验（r=+0.704）。Waag 和 Houck（1996）将态势感知监测评定量表认定为三个 SA 评级量表中的一个，另外两个是同伴评分和自我评分。这些实验数据来自于 239 名 F-15C 飞行员，结果显示三个量表重测信度范围为 +0.97 ～ +0.99，评分者信度为 +0.84，监测者评级和同伴评级之间的相关性在 +0.85 ～ +0.87 之间，与自我报告的相关性较小（+0.50 ～ +0.58）。在早期的一份出版物中，这些作者将上述量表称为态势感知评分量表（SARS）（Waag 和 Houck，1994）。

数据要求：监测者和同伴必须进行评级。

原书参考文献

[1] Carreta, T.R., Perry, D.C., and Ree, M.J. Prediction of situational awareness in F-15 pilots. The *International Journal of Aviation Psychology* 6(1): 21-41, 1996.

[2] Waag, W.L., and Houck, M.R. Tools for assessing situational awareness in an operational fighter environment. *Aviation, Space, and Environmental Medicine* 65(5, Suppl.): A13-A19, 1994.

[3] Waag, W.L., and Houck, M.R. Development of criterion measures of situation awareness for use in operational fighter squadrons. Proceedings of the Advisory Group for Aerospace Research and Development Conference on Situation Awareness Limitation and Enhancement in the Aviation Environment (AGARD-CP-575). AGARD, Neuilly-sur-Seine, France, 8-1-8-8, January 1996.

3.3　模　拟

Shively 等（1997）开发了 SA 的计算模型。该模型有 3 个组成部分：①态势元素，即定义态势的环境部分；②态势敏感节点，即态势元素的语义相关集合；③评估所有节点态势元素的监管机制。

See 和 Vidulich（1997）报告称，在一次模拟空对地任务中操作员 SA 的 Micro Saint 模型与 SART 的预测相匹配，并与 SART 的理解得分相关性最密切。

原书参考文献

[1] See, J.E., and Vidulich, M.A. Assessment of computer modeling of operator mental workload during target acquisition. Proceedings of the Human Factors and Ergonomics Society 41st Annual Meeting, 1303-1307, 1997.

[2] Shively, R.J., Brickner, M., and Silbiger, J. A computational model of situational awareness instantiated in MIDAS (Man-machine Integration Design and Analysis). Proceedings of the 9th International Symposium on Aviation Psychology, 1454-1459, 1997.

缩 略 语

3D	Three Dimensional 三维
a	number of alternatives per page 每页备选方案的数量
AET	Arbeitswissenschaf tliches Erhebungsverfahren zurTatigkeitsanalyze 工作活动分析法
AGARD	Advisory Group for Research and Development 研发顾问组
AGL	Above Ground Level 离地高度
AHP	Analytical Hierarchy Process 层次分析法
arcmin	arc minute 弧分
ATC	Air Traffic Control 空中交通管制
ATWIT	Air Traffic workload Input Technique 空中交通负荷输入技术
AWACS	Airborne Warning And Control System 机载预警与控制系统
BAL	Blood Alcohol Level 血液酒精水平
BVR	Beyond Visual Range 超视距
c	computer response time 计算机响应时间
C	Centigrade 摄氏度
CARS	Crew Awareness Rating Scale 机组意识评定量表
CC-SART	Cognitive Compatibility Situational Awareness Rating Technique 认知兼容性态势感知评定技术
cd	candela 坎，坎德拉（发光强度单位）
CLSA	China Lake Situational Awareness 中国湖态势感知
cm	centimeter 厘米
comm	communication 通信
C-SWAT	Continuous Subjective Workload Assessment Technique 连续主观工作负荷评估技术
CTT	Critical Tracking Task 临界追踪任务
d	day 天
dBA	decibels (A scale) 分贝（基于 A 型滤波器）
dBC	decibels (C scale) 分贝（基于 C 型滤波器）
EAAP	European Association of Aviation Psychology 欧洲航空心理学协会
F	Fahrenheit 华氏温度
FOM	Figure of Merit 品质因数，优值
FOV	Field of View 视场
ft	Feet 英尺

GCI	Ground Control Intercept 地面控制拦截
Gy	Gravity y axis 重力的 y 轴矢量
Gz	Gravity z axis 重力的 z 轴矢量
h	hour 小时
HPT	Human Performance Theory 人因绩效理论
HSI	Horizontal Situation Indicator 水平情况指示器
HUD	Head Up Display 平视显示器（平显）
Hz	Hertz 赫兹
i	task index 任务指数
ILS	Instrument Landing System 仪表着陆系统
IMC	Instrument Meteorological Conditions 仪表气象条件
in	inch 英寸
ISA	Instantaneous Self Assessment 即时自我评估
ISI	Interstimulus interval 刺激间隔
j	worker index 工作人员指数
k	key press time 按键时间
kg	kilogram 千克
kmph	kilometers per hour 千米 / 小时
kn	knot 节（船、飞行器和风的速度计量单位）
KSA	Knowledge, Skills, and Ability 知识，技能与能力
LCD	Liquid Crystal Display 液晶显示器
LED	Light Emitting Diode 发光二极管
LPS	Landing Performance Score 着陆绩效评分
m	meter 米
M^2	meter squared 平方米
mg	milligram 毫克
mi	mile 英里
min	minute 分钟
mm	millimeter 毫米
mph	miles per hour 英里 / 小时
msec	milliseconds 毫秒
MTPB	Multiple Task Performance Battery 多任务绩效成套测验
nm	nautical mile 纳米
NPRU	Neuropsychiatric Research Unit 神经精神病学研究所
OW	Overall Workload 总体工作负荷
PETER	Performance Evaluation Tests for Environmental Research 环境绩效评价测验
POMS	Profile of Mood States 心境状态量表
POSWAT	Pilot Objective/Subjective Workload Assessment Technique 飞行员客观 / 主观工作负荷评估技术

PPI	Pilot Performance Index 飞行员绩效指数	
ppm	parts per million 百万分比浓度	
PSE	Pilot Subjective Evaluation 飞行员主观评价	
r	total number of index pages accessed in retrieving a given item 在检索给定条目时访问的索引总页数	
rmse	root mean squared error 均方根误差	
RT	reaction time 反应时	
RWR	Radar Warning Receiver 雷达告警接收器	
s	second 秒	
SA	Situational Awareness 态势感知，情境意识	
SAGAT	Situational Awareness Global Assessment Technique 态势感知综合评估技术	
SALIENT	Situational Awareness Linked Instances Adapted to Novel Tasks 适应新任务的态势感知关联实例	
SART	Situational Awareness Rating Technique 态势感知评定技术	
SA-SWORD	Situational Awareness Subjective Workload Dominance 态势感知主观工作负荷优势	
SD	standard deviation 标准差	
SPARTANS	Simple Portable Aviation Relevant Test Battery System 便携式航空成套测验系统	
st	search time 搜索时间	
STOL	Short Take-Off and Landing 短距起降	
STRES	Standardized Tests for Research with Environmental Stressors 环境应激源研究标准化测验	
SWAT	Subjective Workload Assessment Technique 主观工作负荷评估技术	
SWORD	Subjective Workload Dominance 主观工作负荷优势	
t	time required to read one alternative 读取单个备选方案的所需时间	
TEWS	Tactical Electronic Warfare System 战术电子战系统	
TLC	Time to Line Crossing 越线时间	
TLX	Task Load Index 任务负荷指数	
tz	integration time 整合时间	
UAV	Uninhabited Aerial Vehicle 无人飞行器	
UTCPAB	Unified Tri-services Cognitive Performance Assessment Battery 美国三军统一认知绩效评估测验	
VCE	Vector Combination of Errors 误差的矢量组合	
VDT	Video Display Terminal 视觉显示终端	
VMC	Visual Meteorological Conditions 目视气象条件	
VSD	Vertical Situation Display 垂直情况显示器	
WB	bottleneck worker 瓶颈型员工	
WCI/TE	Workload/Compensation/Interference/Technical Effectiveness 工作负荷/补偿/干预/技术效率	

主题索引

G

K

T

Y